U0302058

国学经典藏书

随园食单

米晓燕　译注

吉林大学出版社
长 春

图书在版编目（CIP）数据

随园食单 / 米晓燕译注．— 长春：吉林大学出版社，2021.6
（国学经典藏书）
ISBN 978-7-5692-8558-1

Ⅰ．①随… Ⅱ．①米… Ⅲ．①烹饪 – 中国 – 清前期②食谱 – 中国 – 清前期③中式菜肴 – 菜谱 – 清前期 Ⅳ．① TS972.117

中国版本图书馆 CIP 数据核字（2021）第 142564 号

国学经典藏书：随园食单
GUOXUE JINGDIAN CANGSHU: SUIYUAN SHIDAN

作　　者：米晓燕 译注
策划编辑：魏丹丹
责任编辑：田　娜
责任校对：陶　冉
装帧设计：蒋宏工作室
开　　本：880mm × 1230mm　1/32
字　　数：165 千字
印　　张：8
版　　次：2021 年 6 月第 1 版
印　　次：2023 年 3 月第 2 次印刷

出版发行：吉林大学出版社
地　　址：长春市人民大街 4059 号（130021）
0431–89580028/29/21
http://www.jlup.com.cn
E–mail:jdcbs@jlu.edu.cn
印　　刷：天津鑫旭阳印刷有限公司

ISBN 978-7-5692-8558-1　　定价：32.00 元

编者的话

经典是人类知识体系的根基,是人类的精神家园,是我们走向未来的起点。莎士比亚说过:“生活里没有书籍,就好像没有阳光;智慧里没有书籍,就好像鸟儿没有翅膀。”21 世纪中国国民的阅读生活中最迫切的事情是什么?我们的回答是阅读经典!

中国有数千年一脉相传、光辉灿烂的文化,并长期处于世界文化发展的前列,尤其是在近代以前,曾长期引领亚洲乃至世界文化的发展方向。长期超稳定的社会发展形态和以小农生产为基础的、悠闲的宗法农业社会,塑造了中华民族注重实际、过分地偏重经验、重视历史的文化心理特征。从殷商时代的“古训是式”(《诗经·大雅·烝民》),到孔子的“述而不作,信而好古”(《论语·述而》),可以清楚地看出这种文化心理不断强化的轨迹。于是,历史就被赋予了神圣的光环,它既是人们获得知识的源泉,也是人们价值标准的出处。它不再是僵死的、过去的东西,而是生动活泼、富有生命力,并对现世仍有巨大指导作用的事实。因而就形成了这样一种固定的文化思维方式,也就是“以铜为鉴,可正衣冠;以古为鉴,可知兴替;以人为鉴,可明得失”(《新唐书·魏徵传》)。中国的文化人世代相承,均从历史中寻求真理,寻求“修身、齐家、治国、平天下”的崇高理想模式。

这种对于历史所怀有的深沉强烈的认同感，正是历史典籍赖以发展、繁荣的文化心理基础。历史上最初给历史典籍的研究和整理工作涂上政治、道德和伦理色彩的是春秋时期的孔子。当时的孔子因感“周室微而礼乐废、《诗》《书》缺”，于是乃删订了《诗》《书》《礼》《乐》《易》《春秋》等“六经”（见《史记·孔子世家》），寄托了自己在政治上“复礼”和道德上“归仁”的最高理想。孔子以后，历史典籍的编撰无不遵循着这一最高原则。所以《隋书·经籍志》总序中就说：“夫经籍也者，机神之妙旨，圣哲之能事。所以经天地，纬阴阳，正纲纪，弘道德，显仁足以利物，藏用足以独善……其王者之所以树风声，流显号，美教化，移风俗，何莫由乎斯道？……其教有适，其用无穷，实仁义之陶钧，诚道德之橐籥也。……夫仁义礼智，所以治国也；方技数术，所以治身也。诸子为经籍之鼓吹，文章乃政化之黼黻，皆为治国之具也。”（《隋书·经籍志一》）由此可见，历史典籍的编撰整理工作，已不仅仅是文化技术问题，更重要的是它还负有“正纲纪，弘道德”的政治和道德使命。于是，在两千多年的历史发展过程中，先人们为我们留下了汗牛充栋的文化典籍。这些宝贵的精神财富，不仅是我们中华民族的骄傲，也是全人类的骄傲，并已成为世界文化宝藏的重要组成部分。

中国的先哲们一向对古代典籍充满崇敬之情，他们认为，先王之道、历史经验、人伦道德以及治国安邦之术、读书治学之法等等，都蕴藏于典籍之中。文献典籍是先王之道、历史经验、人伦道德等赖以传递后世的重要手段。离开书籍，后人将无法从前朝吸取历史经验，无法传承先王之道。在日新月异的当代，如何对待这份优秀的文化遗产？毛泽东同志早就指出：“中国的长期封建社会中，创造了灿烂的古代文化。清理古代文化的发展过程，剔除其封建性的糟粕，吸取其民主性的精华，是发展民族新文化、提高民族自信心的必要条件。……中国现时的新文化也是从古代的旧文化发展而来，因此，我们必须尊重自己的历史，决不能割断历史。但是，这种尊重是给历史以一定的科学地位，是尊重历史的辩证法的发展，而不是颂古非今。”（毛泽东《新民主主义论》）古代典籍，不仅对中华民族的形成与发展历史地发挥了巨大的凝聚力作用，而且在当今中华民族伟大复兴中，依然会发挥无可替代的重要作用。

在科学技术迅猛发展的当代社会，人们的生活、观念正在发生着巨大而深刻的变革，面对蓬勃发展的现代科技和汹涌而至的各种思潮，人们依然能深切地感受到中国传统文化无所不在的巨大力量。人们渴望了解这种无形的力量源泉，于是绚丽多姿的中华典籍就成了人们首要的选择。它能够使我们在精神上成为坚强、忠诚和有理智的人，成为能够真正爱人类、尊重人类劳动、衷心地欣赏人类的伟大劳动所产生的美好果实的人。所以，在今天，我们要阅读经典；当数字化、网络化带来的“信息爆炸”占领人们的头脑、占用人们的时间时，我们要阅读经典；当中华民族迈向和平崛起和民族复兴的伟大征程时，我们更要阅读经典。因此，读经典，这个我们习以为常的平凡过程，实际上就成了人的心灵和上下古今一切民族的伟大智慧相结合的过程。但由于时代的变迁，这些经典对现代人来说已是谜一样的存在。为继承这份优秀的文化遗产，帮助人们更好地利用这些经典，在全国学术界诸多专家学者的支持下，我们策划了这套“国学经典藏书”丛书。

丛书以弘扬传统、推陈出新、汇聚英华为宗旨，以具有中等以上文化程度的广大读者为对象，从我国古代经、史、子、集四部典籍中精选50种，以全注全译或节选的形式结集出版。在书目的选择上，重点选取我国古代哲学、历史、地理、文学、科技、教育、生活等领域历经岁月洗礼、汇聚人类最重要的精神创造和知识积累的不朽之作。既注重选取历史上脍炙人口、深入人心的经典名著，又注重其适应现代社会的人文价值趋向。丛书不仅精校原文，而且从前言、题解，到注释、译文，均在吸收历代学者研究成果的基础上精心编撰。在注重学术性标准的基础上，尽量做到通俗易懂。我们相信，本丛书的出版，对提高人们的古代典籍认知水平，阅读和利用中华传统经典，传播中华优秀文化，提高人们的民族自信心和文化自豪感，进而为中华民族伟大复兴做贡献，均将起到应有的作用。高尔基说："书籍是人类进步的阶梯。""要热爱读书，它会使你的生活轻松，它会友爱地帮助你了解纷繁复杂的思想、感情和事件；它会教导你尊重别人和你自己；它以热爱世界、热爱人类的情感，来鼓舞智慧和心灵。""当书本给我讲到闻所未闻、见所未见的人物、感情、思想和态度时，似乎是每一本书都在我面前打开一扇窗户，并让我看到一个不可思议的新世界。""每一本书是一级小阶梯，我每爬一级，就……更接近美好生活的观念，更热爱这书"（《高尔基论青年》，中国青年出版社1956年版）。流传千年的文化经典，让我们受益匪浅，使我们懂得更多。正如德国著名作家歌德所说："读一本好书，就是和一位品德高尚的人谈话。"的确，读一本好书，就像是结交了一位良师益友。我们真诚希望，这套经典丛书能够真正进入您的生活，成为人人应读、必读和常读的名著。

陈　虎
庚子岁孟秋

前 言

袁枚(1716—1798),字子才,号简斋,浙江钱塘(今杭州)人。清乾隆四年(1739)进士,授翰林院庶吉士。三年后,外调江苏,先后任溧水、江宁等县县令。为官勤政有声望,政绩不俗。但仕途不畅,遂于乾隆十四年(1749)辞官归隐于南京小仓山随园。嘉庆二年(1798)去世,葬于随园的百步坡上。“随园”成为他人生的乐土和最后的归处,故世称“随园先生”。

袁枚是清代著名的文学家。他一生性情通达不羁,好集宾客,吟诗论文,广收生徒,以文章获盛名。与同时代的赵翼、蒋士铨合称为“乾嘉三大家”;与纪晓岚有“南袁北纪”之称,是乾隆、嘉庆年间的诗坛盟主。其一生致力于诗歌创作,晚年形成诗歌理论思想,主张作诗要“独抒性灵”,有力地突破了当时流行于诗坛的“肌理说”和“格调说”,带来诗坛的新风气,这就是“性灵说”。袁枚传世著作有《小仓山房诗集》《小仓山房文集》《小仓山房外集》《小仓山房尺牍》《随园诗话》《随园食单》《子不语》《续子不语》等。《随园食单》在袁枚的诸多著作中是较为特殊的,是一部比较系统地介绍中国烹饪技术和南北饮食不同的重要著作。

中国人素来讲究饮食,中华民族的饮食文化源远流长。

《周易·需》卦中就讲道:“云上于天,需。君子以饮食宴乐。”强调饮食既为人生之需,君子应重饮食之道。《礼记·内则》篇中,记载了不少有关饮食的礼仪与制度。儒家认为饮食是人的本性,因而在《论语》有关这方面的记叙中,我们可以感受到两个重要的思想,一方面讲究饮食的经验与方式,另一方面也强调有关饮食的礼制与精神。孔子讲究饮食的制作精细,强调“食不厌精,脍不厌细”(《论语·乡党》),讲究饮食的食用规范:“鱼馁而肉败,不食。色恶,不食。臭恶,不食。失饪,不食。不时,不食。割不正,不食。不得其酱,不食。肉虽多,不使胜食气。唯酒无量,不及乱。沽酒市脯,不食。不撤姜食,不多食。”(《论语·乡党》)其中既有饮食的注意事项、饮食的一般要求、饮食的质量标准,又有礼制的约束、人格的检验、文化的考量。同时,在儒家文化之中,饮食是人生之必须,但更重要的是道义以及求道的精神。孔子曾这样描述自己:“饭疏食饮水,曲肱而枕之,乐亦在其中矣。不义而富且贵,于我如浮云。”(《论语·述而》)也曾这样称赞弟子颜渊:“食无求饱,居无求安,敏于事而慎于言,就有道而正焉,可谓好学也已。”(《论语·学而》)和饮食这种物质追求比起来,精神食粮的追求更重要;粗茶淡饭能够乐亦其中,好学求义才是君子所为。

儒家饮食文化的这两个方面对后代影响很大,特别是礼制和精神的影响更大。宋明理学家推重的“孔颜乐处”,也成为中国古代文士追求理想的一种象征。而对于饮食自身的专门记载,虽然流传下来的不多,但也不乏经典之作,其中袁枚的《随园食单》,便是较为经典的一部。袁枚生当乾隆盛世,他从求学仕进到后来的辞官归隐，生活经历丰富。既结交到了各阶层的官员，又在归隐后以风流才子行于世，也接触到了社会各阶层的人。他是个重视生活情趣的人，因此游山玩水，吟诗作画，品茗赏酒，精研佳肴琼馔，四十年来从未间断。他有意识地将自己生活中或自家尝试或辗转听说的诸种饮食一一加以记录和整理，因此留下了这份珍贵的《随园食单》。他以做学问的严肃，爱生活的热情，使这份食单既科学严谨，又风趣幽默。

《随园食单》以袁枚的交游为基础，从饮食理论到饮食实践两个方面，较为全面地记录了当时的饮食总总。开篇两个部分，首先是阐述饮食理论的《须知单》和《戒单》。正如作者自己所说“学问之道，先知而后行，饮食亦然。作《须知单》”。做菜也和做学问一样，需要先掌握理论知识然后再实践，所以《须知单》是对饮食之法做的理论探讨。在这里，作者从选材、洗刷、搭配、作料、火候，以至器具、上菜等许多方面，都做了具体而细致的思考，提出了作为厨师首先需要懂得的诸种要求。《戒单》则是从反面探讨做菜应该戒除什么，有哪些不应该出现的问题。他说“为政者兴一利，不如除一弊，能除饮食之弊，则思过半矣”，将做菜和为政作比，兴利除弊之中，强调除弊的重要性。饮食烹饪过程中，一是要做什么，二是不能做什么，这两项是饮食的基本。作者一个以做学问为比，一个以从政为比，做学问和从政，是他人生中的两件主要大事，可见其对饮食之重视。其余各单则为实践环节，详细记述了袁枚生活时代广为流传的三百二十六种菜肴和美酒香茗，分别收录在十二个品类下，即：海鲜单、江鲜单、特牲单、杂牲单、羽族单、水族有鳞单、水族无鳞单、杂素菜单、小菜单、点心单、饭粥单、茶酒单等。袁枚在收集整理这些食单时可谓殚精竭虑,他在序言里说:“每食于某氏而饱,必使家厨往彼灶觚,执弟子之礼。四十年来,颇集众美。有学就者,有十分中得六七者,亦有竟失传者。余都问其方略,集而存之。虽不甚省记,亦载某家某味,以志景行。”由此可见,他重视实践,不仅自己品味、比较,还让自己家的厨师去学习;他重视思考,详细记录制作的方法和出处,比较不同,品味高低,以做学问的严谨尽量不留遗憾。读这本书可以深刻体会到,吃不仅仅是为了满足口腹之欲,其中贯穿着丰富的人生思想和饮食文化内涵。比如五味调和的思想,中国文化历来讲求中和,《中庸》说:“中也者,天下之大本也。和也者,天下之达道也。致中和,天地位焉,万物育焉。”这是从个人修养来说的,君子将情感控制在适度的范围内,达到中和的境界,从而使天地各归其位,万物生长作育。在《随园食单》中,袁枚处处表现出对中和思想的服膺,他强调做菜时要讲究食材的调和与适当的搭配:“要使清者配清,浓者配浓,柔者配柔,刚者配刚,方有和合之妙”;吃菜时菜品要和季节时令搭配:“夏日长而热,宰杀太早,则肉败矣。冬日短而寒,烹饪稍迟,则物生矣。冬宜食牛羊,移之于夏,非其时也。夏宜食干腊,移之于冬,非其时也”;在吃饭的礼仪上也强调主客的协调适度:“以箸取菜,硬入人口,有类强奸,殊为可恶。”这些都是中和文化思想在其中的体现。

《随园食单》以简明的语言、丰富的材料、严谨的态度、科学的求证精神,记录下来的这些食谱,已经成为非物质文化遗产的一部分,在2003年被列入北京市东城区非物质文化遗产名录,得到了很好的传承和研究。2007年，张文彦在北京科技出版社出版《再现随园食单》一书，对随园菜式及其发展演变专门研究。另外，南京还专门成立了“随园食单研究院”，以恢复随园菜与随园文化为己任。2017年正式推出随园餐饮项目，并邀请中央电视台《味·道》栏目组去南京拍摄金陵饮食专题片，目的是还原《随园食单》中多道菜品的做法。这对于随园菜的传承与推广，具有重要意义。《随园食单》是反映清代饮食文化发展的宝贵文献资料，具有现实的借鉴意义，因此值得进一步挖掘、整理和再研究。

本书以清嘉庆年间的随园藏板为底本，并参考其他较为通行的版本，对《随园食单》予以整理。本次整理分为题解、原文、注释和译文四个部分，题解概括本单内容，注释简释难字难句，译文力求通俗易懂，准确生动。限于本人的知识和水平，本书的整理可能有一些不妥之处，恳请读者批评指正。

米晓燕

2020年2月

目 录

序

〔题解〕

这是全书的序言,主要是说明作者为什么要写这本书。其写作目的主要有,第一,古圣先贤都很重视饮食,不仅古书多有记载,甚至评价人物都常常以饮食作比。第二,记载留存有关饮食的技艺。古人讲求“法”,圣人追寻“艺”,其中内涵着“善取于人”的意蕴,将它们记录下来,也是希望人们从中吸取经验。第三,自己有喜欢美食的雅好,因此常常以此问询,“颇集众美”,而一些同类书籍的记载又有不少缺憾,因此推己及人以尽“忠恕之道”。

诗人美周公[①]而曰“笾豆有践”[②],恶凡伯[③]而曰“彼疏斯稗”[④]。古之于饮食也,若是重乎!他若《易》称“鼎烹”,《书》称“盐梅”,《乡党》《内则》琐琐言之。孟子虽贱饮食之人,而又言饥渴未能得饮食之正。可见凡事须求一是处,都非易言。《中庸》曰:“人莫不饮食也,鲜能知味也。”《典论》[⑤]曰:“一世长者知居处,三世长者知服食。”古人进鬐离肺[⑥],皆有法焉,未尝苟且。“子与人歌而善，必使反之，而后和之。”圣人于一艺之微，其善取于人也如是。

〔注释〕

①周公：西周政治家，姓姬名旦。曾辅助武王灭商，建立西周王朝。制定西周礼乐制度，是历史上的圣贤典范。

②笾（biān）豆有践：出自《诗经·豳风·伐柯》。笾豆，古代祭祀和宴会中常用的两种礼器。笾，为竹制。豆，为木制。践，陈列整齐貌。

③凡伯：周幽王时期的一位权臣，性格执拗、正直。

④彼疏斯稗（bài）：出自《诗经·大雅·召旻》。疏，粗，即糙米。稗，即“粺”，精米。

⑤《典论》：三国时曹丕曾作《典论》五卷，但多已散佚，仅存《论文》一篇。

⑥进鬐（qí）离肺：鬐，鱼脊鳍，这里指鱼或鱼翅。离肺，指分割猪、牛、羊等祭品的肺叶。

〔译文〕

诗人赞美周公，就说“祭祀食器，陈列整齐”，讨厌凡伯，就说“该吃粗粮，反吃细粮”。美刺都以饮食作比，古人对饮食，就是如此重视吧！其他如《周易》谈到用鼎烹煮食物，《尚书》说到“盐梅”这种调料，《乡党》《礼记》的《内则》多处提及饮食之事。孟子虽然看不起讲究吃喝的人，却又说饥饿之人不懂得遵循饮食的准则。可见，凡事想要找到正确的处事原则，都不能轻易下结论。《中庸》说：“人人都吃吃喝喝，却少有人真正懂得饮食的滋味。”《典论》也说：“富一代者只知盖房；富三代者，才懂吃穿。”古人对于进食鱼翅及分割猪、牛、羊等祭品的肺叶一类的事情，均有一定的法则，从不敷衍了事。《论语》中说：“孔子与人唱歌，若那人唱得好，必请他再唱，然后跟着唱和。”孔圣人对这样微小的技艺都能虚心好学，他乐于吸取别人优点的品质，可见一斑。

余雅慕此旨，每食于某氏而饱，必使家厨往彼灶觚①，执弟子之礼。四十年来，颇集众美，有学就者，有十分中得六七者，有仅得二三者，亦有竟失传者。余都问其方略，集而存之。虽不甚省记，亦载某家某味，以志景行②。自觉好学之心，理宜如是。虽死法不足以限生厨，名手作书，亦多出入，未可专求之于故纸③，然能率④由旧章，终无大谬。临时治具⑤，亦易指名。

〔注释〕

①灶觚（gū）：即灶突，灶上烟囱。

②景行：景仰。

③故纸：指古书旧籍。

④率：遵循。

⑤治具：备办酒食，设宴。

〔译文〕

我仰慕这种精神，每次在别处吃到美味，都让家厨前往学艺。四十年来，颇多搜集各家菜肴之长，有学成完全掌握的，有只掌握六七分的，有只掌握二三分的，也有完全失传的。我都逐一请教烹饪之法，整理保存。虽然有些不一定记录得很清楚，但也记下出自某家某菜，以表达景仰之情。自认为虚心向学，理应如此。当然，旧法陈规限制不了厨师的操作，即使名家之作也有许多出入，所以不用拘泥于古书旧籍。但如果按书上的记载去实践，至少不会出大错。在临时备办酒席时，也有章可循。

或曰:“人心不同，各如其面。子能必天下之口，皆子之口乎?”曰:“执柯以伐柯[①]，其则不远。吾虽不能强天下之口与吾同嗜，而姑且推己及物;则食饮虽微，而吾于忠恕之道，则已尽矣。吾何憾哉?”若夫《说郛》[②]所载饮食之书三十余种，眉公、笠翁[③]，亦有陈言。曾亲试之，皆阏于鼻而蜇于口[④]，大半陋儒附会，吾无取焉。

〔**注释**〕

①柯:斧柄。

②《说郛》:明代陶宗仪所编文言大丛书，选录汉魏至宋元各家笔记汇集而成，包括经史传记、百氏杂书、考古博物、山川风土、虫鱼草木、诗词评论、古文奇字、奇闻怪事、问卜星象等内容。

③眉公、笠翁:眉公，指明代文学家、书画家陈继儒，号眉公。笠翁，指清代著名文学家、剧作家李渔，号笠翁。

④阏(è):堵塞。蜇:刺痛。

〔**译文**〕

有人说:“人心各异，就像千人千面，您能够保证众人的口味和您一样吗?”我说:“拿着斧柄做斧柄，总不会差太远。我虽不能强求众人与我口味一致，但不妨碍我推广自己的想法给他人；饮食事小，但我一样遵循忠恕之道，就是尽力而为了。我有什么遗憾的呢?”至于《说郛》记载的三十多种饮食之书多达三十余种，陈继儒、李渔也有饮食方面的著述。我曾经按他们的记载试着制作，但都很难吃。想必这多是那些浅陋文人的牵强附会之作，因此书中不予采纳。

须知单

〔**题解**〕

这一部分是袁枚的饮食理论之一。袁枚认为饮食研究就像做学问一样,要先掌握理论才能进行实践。他从材料选用要新鲜,搭配要合适,作料调和要适当,再到火候掌握和上菜次序,都做了说明。甚至洗刷注意事项。比如什么食材对应什么洗刷方法;器具的应用,比如上菜的盘子、做菜的锅都要根据菜品的不同进行选择。还有,对新手来说,如果菜做得稍有些问题了,还可以做些补救措施等,都详尽周全地一一做了说明。放在首章,彰显须知的重要性,也符合做菜的顺序。这部分的说明,袁枚写得很详细,有一种循循善诱的态度,可见他对做菜这件事是很认真的。

学问之道,先知而后行。饮食亦然,作《须知单》。

〔**译文**〕

做学问的道理,在于先掌握理论知识,再动手实践。饮食烹调的顺序也一样,因此撰写《须知单》。

先天须知

凡物各有先天，如人各有资禀。人性下愚，虽孔、孟教之，无益也；物性不良，虽易牙烹之[①]，亦无味也。指其大略：猪宜皮薄，不可腥臊；鸡宜骟嫩[②]，不可老稚；鲫鱼以扁身白肚为佳，乌背者，必崛强于盘中[③]；鳗鱼以湖溪游泳为贵，江生者，必槎丫其骨节[④]；谷喂之鸭，其膘肥而白色；壅土之笋，其节少而甘鲜；同一火腿也，而好丑判若天渊；同一台鲞也[⑤]，而美恶分为冰炭。其他杂物，可以类推。大抵一席佳肴，司厨之功居其六，买办之功居其四。

〔注释〕

①易牙：春秋时齐桓公的幸臣，擅长烹调。

②骟（shàn）：动物被阉割。

③崛强（juéjiàng）：生硬，僵硬。

④槎（chá）丫：树木枝杈歧出貌，此指鱼刺纵横杂乱。

⑤台鲞（xiǎng）：特指浙江台州出产的各类鱼干。鲞，鱼干，腌鱼。

〔译文〕

世间万物都有其本性，就像人各有不同的天资禀赋。一个人如果太过愚笨，即使是孔子、孟子施教，恐怕也没用；同理，食物原料低劣，即使让易牙那样的名厨来烹调，也难成美味。总的来说：猪肉应该皮薄，不可有腥臊味；鸡最好用肥嫩的阉鸡，不可太老或太小；鲫鱼以扁身肚白为好，黑背的做好置于盘中，形态僵硬；鳗鱼以生在湖泊溪流中的最好，江中长大的则鱼刺杂乱坚硬；用谷物喂养的鸭子，肉质肥白；沃土中生长的竹笋，节少而味甜鲜；同为火腿，其优劣有天壤之别；同样是浙江台州地区的各类鱼干，其味道也可能势同冰炭，相差甚远。其他各种原料，可以类推。大体上，一桌好菜，厨师手艺占六成，而负责采办原料的人功占四成。

作料须知

厨者之作料，如妇人之衣服首饰也。虽有天姿，虽善涂抹，而敝衣蓝褛[①]，西子亦难以为容。善烹调者，酱用伏酱[②]，先尝甘否；油用香油，须审生熟；酒用酒酿，应去糟粕；醋用米醋，须求清冽。且酱有清浓之分，油有荤素之别，酒有酸甜之异，醋有陈新之殊，不可丝毫错误。其他葱、椒、姜、桂、糖、盐，虽用之不多，而俱宜选择上品。苏州店卖秋油[③]，有上、中、下三等。镇江醋颜色虽佳，味不甚酸，失醋之本旨矣。以板浦[④]醋为第一，浦口[⑤]醋次之。

〔注释〕

①蓝褛（lǚ）：衣服破旧。

②伏酱：指三伏天所制的酱，因天热发酵充分，品质最好。

③秋油：最好的酱油。夏天酿制的酱油，秋天霜降后打开新缸，汲取的第一抽酱油，被称为秋油。

④板浦：今江苏灌云板浦镇，以“滴醋”闻名。

⑤浦口：今江苏南京浦口区。

〔译文〕

厨师用调味品，就像女子的衣服首饰。有的女子虽貌美，也善于化妆，但如果破衣烂衫，就是西施也难以凸显美丽。精于烹调者，用酱要用三伏天制作的，还要先亲自品尝味道是否甜美；油要用香油，还需辨别是生油还是熟油；酒则要用发酵的米酒，还须滤去酒糟；醋用米醋，要味道清醇而不浑浊。酱有清浓之分，油有荤素之别，酒有酸甜不同，醋有陈新之异，使用时不能有丝毫差错。其他如葱、椒、姜、桂皮、糖、盐，虽使用得不多，也都应选择上品。苏州酱店卖秋油，有上、中、下三等。镇江醋颜色虽好，但酸味不够，失去醋的本色。醋以板浦醋最好，浦口醋次之。

洗刷须知

洗刷之法，燕窝去毛，海参去泥，鱼翅去沙，鹿筋去臊。肉有筋瓣，剔之则酥；鸭有肾臊，削之则净；鱼有胆破，而全盘皆苦；鳗涎存，而满碗多腥；韭删叶而白存，菜弃边而心出。《内则》曰：“鱼去乙[①]，鳖去丑[②]。”此之谓也。谚云：“若要鱼好吃，洗得白筋出。”亦此之谓也。

〔注释〕

①乙:鱼腮骨,也有说法为鱼肠。

②丑:动物的肛门。

〔译文〕

食物清洗的方法,燕窝要清除残存的燕毛,海参要去泥,鱼翅要刷去沙子,鹿鞭要去除腥臊味。猪肉中的筋瓣要剔出,烹调时才能酥软;鸭肾内膜臊味浓厚,必须削掉;鱼胆一破,全盘都会苦;鳗鱼的黏液不洗干净,满碗都是腥味;韭菜去叶留白茎,白菜去边留菜心。《礼记·内则》说:“鱼去腮骨,鳖去肛门。”就是这个道理。谚语说:“想要鱼好吃,白筋要洗出。”讲的也是这个道理。

调剂须知

调剂之法,相物而施。有酒、水兼用者,有专用酒不用水者,有专用水不用酒者;有盐、酱并用者,有专用清酱不用盐者,有用盐不用酱者;有物太腻,要用油先炙者;有气太腥,要用醋先喷者;有取鲜必用冰糖者;有以干燥为贵者,使其味入于内,煎炒之物是也;有以汤多为贵者,使其味溢于外,清浮之物是也。

〔译文〕

调味的方法,因食材而定。有的需要酒、水一起用,有的只用酒不用水，有的只用水不用酒；有的盐和酱油都用，有的专用酱油不用盐，有的只用盐不用酱油；有的食材太油腻，须先用油煎炸；有的腥味重，须先用醋喷洒；有的需要提鲜，就用冰糖；有的最好是干烧不留汁，为了使味道更浓郁，煎炒的菜就要这样做；有的菜以汤多为好，能让食材的香味散发到汤中，一般是清爽又易浮于汤面上的食物。

配搭须知

谚曰："相女配夫。[1]"《记》曰："儗人必于其伦。[2]"烹调之法，何以异焉？凡一物烹成，必需辅佐。要使清者配清，浓者配浓，柔者配柔，刚者配刚，方有和合之妙。其中可荤可素者，蘑菇、鲜笋、冬瓜是也。可荤不可素者，葱、韭、茴香、新蒜是也。可素不可荤者，芹菜、百合、刀豆是也。常见人置蟹粉于燕窝之中，放百合于鸡、猪之肉，毋乃唐尧与苏峻对坐[3]，不太悖乎？亦有交互见功者，炒荤菜用素油、炒素菜用荤油是也。

〔注释〕

①相女配夫：衡量女儿的情况，选择合适的夫婿。相，衡量。

②儗(nǐ)人必于其伦：同类的人才能比较。儗，比拟。伦，同辈，同类。

③唐尧：即尧，古帝名，传位于舜，为圣贤明君的代表。苏峻：晋朝名将，因反叛朝廷最后被杀，《晋书》有传。

〔译文〕

谚语说:“什么样的女子配什么样的丈夫。”《礼记》说:“衡量一个人,必须与他同类的人做比较。”烹调方法不也是这样吗?凡烧制一道菜,必须有辅料搭配。清淡的菜肴,配料也要清淡;味道浓郁的,配料也要浓郁;柔和的,配料也要柔和;刚烈的,配料也要刚烈,才能烹调出融合完美的菜肴。其中有些食材,既可配荤菜,也可配素菜,如蘑菇、鲜笋、冬瓜。有些食材只能配荤菜,不可配素菜,如葱、韭、茴香、新蒜等。有的食材只能配素菜不能配荤菜,如芹菜、百合、刀豆等。经常有人把蟹粉放入燕窝,把百合和鸡肉、猪肉放到一起做菜,这样搭配,不就像让唐尧这样的圣贤明君和苏峻这样的乱臣贼子坐在一起,不是太荒谬透顶了吗?当然也有荤素互用而相得益彰的,如炒荤菜用素油,炒素菜用荤油。

独用须知

味太浓重者,只宜独用,不可搭配。如李赞皇、张江陵[1]一流,须专用之,方尽其才。食物中,鳗也,鳖也,蟹也,鲥鱼也,牛羊也,皆宜独食,不可加搭配。何也?此数物者味甚厚,力量甚大,而流弊亦甚多,用五味调和,全力治之,方能取其长而去其弊。何暇舍其本题,别生枝节哉?金陵人好以海参配甲鱼,鱼翅配蟹粉,我见辄攒眉。觉甲鱼、蟹粉之味,海参、鱼翅分之而不足;海参、鱼翅之弊，甲鱼、蟹粉染之而有余。

〔注释〕

①李赞皇：唐宪宗时宰相李德裕，字深之，河北赞皇人，所以世称“李赞皇”。张江陵：即张居正，明代万历时期的内阁首辅，字叔大，湖北江陵人，所以又称“张江陵”。

〔译文〕

味道过于浓烈的食物，应该单独使用，不适合和他物搭配。就像李德裕、张居正这类强硬派人物，只有单独任用，才能充分发挥他们的才干。像鳗鱼、鳖、蟹、鲥鱼、牛羊等，都应单独做菜，不可以另加搭配。为什么呢？因为这些食材味重，足可单独成菜，但缺点也很多，需要用五味调和，精心烹制，才能使其扬长避短。哪里还顾得上舍其本味而节外生枝呢？南京人喜欢用海参配甲鱼，鱼翅配蟹粉，我见了都是忍不住皱眉头。甲鱼、蟹粉的鲜美味道，不足以分配给海参、鱼翅，而海参、鱼翅的腥气，却足以污染了甲鱼与蟹粉。

火候①须知

熟物之法，最重火候。有须武火者②，煎炒是也，火弱则物疲矣。有须文火者③，煨煮是也，火猛则物枯矣。有先用武火而后用文火者，收汤之物是也，性急则皮焦而里不熟矣。有愈煮愈嫩者，腰子、鸡蛋之类是也。有略煮即不嫩者，鲜鱼、蚶蛤之类是也。肉起迟则红色变黑,鱼起迟则活肉变死。屡开锅盖,则多沫而少香。火熄再烧,则走油而味失。道人以丹成九转为仙④,儒家以无过、不及为中⑤。司厨者,能知火候而谨伺之,则几于道矣。鱼临食时,色白如玉,凝而不散者,活肉也;色白如粉,不相胶粘者,死肉也。明明鲜鱼,而使之不鲜,可恨已极。

〔注释〕

①火候:指烹饪时火力的强弱和时间的长短。

②武火:火力大而猛。

③文火:火力小而缓。

④丹成九转:道家炼丹经过九次提炼,而成仙丹。

⑤过:过分。不及:达不到。

〔译文〕

烹煮最关键的是掌握火候。有的必须用武火,如煎、炒等,火小了菜就疲沓绵软了。有的必须用文火,如煨、煮等,火太猛食物就枯干变色了。有的要先用武火再用文火,需要收汤的菜是这样,性急就会皮焦而里面肉不熟。有些菜越煮越嫩,如腰子、鸡蛋一类。有些菜稍煮就变老了,如鲜鱼、蚶蛤之类。炒肉起锅迟了,肉就会由红变黑;做鱼起锅迟了,鱼肉就会由鲜肉变成死肉。烹煮时不断揭开锅盖,菜就会沫多而香味少。中间火灭了再烧,菜就会走油失味。道家炼丹讲究提炼九次才能成仙丹,儒家把过分和达不到的中间状态称为中庸。厨师能把握火候且小心控制在合适的范围内,那就是懂得了做菜的真谛。鱼上桌时,肉质色白如玉,凝而不散,那就是鲜鱼;若鱼肉色白如粉,肉质松散,就是不新鲜的鱼。明明用鲜鱼烹煮,做出的菜却像死鱼的味道,那就太遗憾了。

色臭[1]须知

目与鼻,口之邻也,亦口之媒介也。嘉肴到目、到鼻,色臭便有不同[1]。或净若秋云,或艳如琥珀,其芬芳之气,亦扑鼻而来,不必齿决之[2],舌尝之,而后知其妙也。然求色艳不可用糖炒,求香不可用香料。一涉粉饰,便伤至味。

〔注释〕

①色臭:颜色与气味。
②决:判断,断裂。

〔译文〕

眼睛和鼻子,是嘴的近邻,也是嘴的媒介。佳肴放在那儿,眼睛看颜色,鼻子闻味道,差别就显示出来。有的菜干净清爽像秋天的云,有的菜颜色艳丽如琥珀,那芬芳的气味扑鼻而来,不需牙齿咬,不需要舌头尝,就可知其味道美妙。但是,要让菜颜色鲜亮,不能用糖炒;要让菜美味香鲜,不能用香料。一味地用调料刻意粉饰,就会破坏食材的本味。

迟速须知

凡人请客,相约于三日之前,自有工夫平章百味[①]。若斗然客至,急需便餐;作客在外,行船落店。此何能取东海之水,救南池之焚乎?必须预备一种急就章之菜[②],如炒鸡片,炒肉丝,炒虾米豆腐,及糟鱼、茶腿之类[③],反能因速而见巧者,不可不知。

〔注释〕

①平章:评处,商酌。

②急就章:比喻匆促完成的文章或工作。

③茶腿:火腿。

〔译文〕

一般人请客,往往在三天前就约好,自然有时间斟酌考虑准备各种菜品。如果有时突然来了客人,急需准备便饭;或者乘船住店,在外作客。类似的情况,就像取东海的水,救南边的火,又怎么来得及呢?所以必须准备能应急的菜,像炒鸡片、炒肉丝、炒虾米豆腐以及糟鱼、火腿之类。这些食材反而能够因快速成菜而更见机巧,厨师们不可不知道。

变换须知

一物有一物之味,不可混而同之。犹如圣人设教[1],因才乐育,不拘一律。所谓君子成人之美也。今见俗厨,动以鸡、鸭、猪、鹅,一汤同滚,逐令千手雷同,味同嚼蜡。吾恐鸡、猪、鹅、鸭有灵,必到枉死城中告状矣[2]。善治菜者,须多设锅、灶、盂、钵之类,使一物各献一性,一碗各成一味。嗜者舌本应接不暇[3],自觉心花顿开。

〔注释〕

①设教:施行教化。

②枉死城:旧谓阴间枉死鬼所住的地方。枉,冤枉。

③舌本:舌根,舌头。

〔译文〕

每种食材都有独特的本味,不可混杂在一起烹煮。如同圣人施行教化,讲求因材施教,不拘一格。这就是所谓的君子成人之美。现在总是看到那些庸俗的厨师,动不动就把鸡、鸭、猪、鹅放一锅同煮。结果做出来的菜没有变化,味同嚼蜡。假如鸡、猪、鹅、鸭有灵,必会到枉死城中告状申冤。善于烹调的厨师,必多准备锅、灶、盂、钵之类的器具,使食材彰显本味,每道菜各具特色。美食家的舌头有层出不穷的美味可赏,自然心花怒放。

器具须知

古语云:美食不如美器。斯语是也。然宣、成、嘉、万[①],窑器太贵,颇愁损伤,不如竟用御窑[②],已觉雅丽。惟是宜碗者碗,宜盘者盘,宜大者大,宜小者小,参错其间,方觉生色。若板板于十碗八盘之说[③],便嫌笨俗。大抵物贵者器宜大,物贱者器宜小。煎炒宜盘,汤羹宜碗,煎炒宜铁锅,煨煮宜砂罐。

〔注释〕

①宣、成、嘉、万:指明代宣德、成化、嘉靖、万历四个年号。

②竟:遍,全。御窑:专制皇家瓷器的窑,后亦称所制瓷器为御窑。

③板板:刻板,不知变通。板,指铸钱的模子。

〔译文〕

古语说:美食不如美器。这话很对。然而明代宣德、成化、嘉靖、万历年间所产的瓷器极为昂贵,用来盛菜,太担心会损坏了,索性都换成御窑所烧的器皿,也十分清雅漂亮。只是要注意选用合适的盛菜器皿,该用碗的用碗,该用盘的用盘,该用大器就用大器,该用小器就用小器。各式食器参差错落,令美食更为增色。如果刻板地以十碗八盘之类的规矩来,就显得笨拙庸俗了。一般珍贵的菜品宜用大的食器,普通的菜品宜用小的食器。煎炒的菜用盘盛比较好,汤羹一类适合用碗装。煎炒的菜适合用铁锅,煨煮炖汤适合用砂罐。

上菜须知

上菜之法:盐者宜先,淡者宜后;浓者宜先,薄者宜后;无汤者宜先,有汤者宜后。且天下原有五味,不可以咸之一味概之[1]。度客食饱,则脾困矣[2],须用辛辣以振动之[3];虑客酒多,则胃疲矣,须用酸甘以提醒之[4]。

〔注释〕

①咸:皆,都。

②困:疲惫。

③振动:调动、刺激之意。

④提醒:提神醒酒。

〔译文〕

上菜的方法:味道咸的菜先上,清淡的菜后上;味道浓的菜先上,味道薄的菜后上;没汤的菜先上,有汤的菜后上。天下的菜肴原本就有五味,不能都以一个味儿概括。估计客人吃饱了,脾脏疲累了,需用辛辣之味来调动食欲;考虑到客人酒喝多了,肠胃疲惫,就该用酸甜之味以提神醒酒。

时节须知

夏日长而热,宰杀太早,则肉败矣[1]。冬日短而寒,烹饪稍迟,则物生矣。冬宜食牛羊,移之于夏,非其时也。夏宜食干腊[2],移之于冬,非其时也。辅佐之物,夏宜用芥末,冬宜用胡椒。当三伏天而得冬腌菜,贱物也,而竟成至宝矣。当秋凉时而得行鞭笋[3],亦贱物也,而视若珍馐矣。有先时而见好者，三月食鲥鱼是也[4]。有后时而见好者，四月食芋艿是也。其他亦可类推。有过时而不可吃者，萝卜过时则心空，山笋过时则味苦，刀鲚过时则骨硬[5]。所谓四时之序，成功者退，精华已竭，褰裳去之也[6]。

〔注释〕

①败：腐烂，变质。

②干腊：在冬天（多在腊月）加工干制而成的各种肉干。

③行鞭笋：竹笋的一种，因其形如鞭，故名。

④鲥鱼：一种鱼类，江湖里生，海中生长，味道鲜美。

⑤刀鲚（jì）：一种鱼类，身体侧扁，生活在海洋中，春末夏初到江河中产卵，俗称凤尾鱼。

⑥褰（qiān）裳：撩起衣裳。褰，撩起，提起。

〔译文〕

夏季白天长而热，禽畜宰杀太早，就容易变质腐烂。冬季白天短而寒冷，烹调时间稍短，菜肴就不易熟透。冬季适宜吃牛羊肉，若改到夏天食用，则不合时宜。夏天适宜食用干腊食品，若到冬天食用，时令也不对。调味品夏天适合用芥末，冬天适合用胡椒。冬天腌制的咸菜本是不值钱的，但在夏天能吃到，也成了最好的东西。行鞭笋本是廉价的食材，但在秋凉时节烹制，会被人视为上品佳肴。有些食材是早于时令食用，显得更为美味，如三月份吃鲥鱼。有的晚于时令食用更好，如四月吃芋艿。其他也可类推。有的则过了时节就不能食用了，如萝卜过时节就会空心，山笋过时节就会味苦，刀鲚过时节骨头变硬。所以万物生长都有四时顺序，盛时一过，精华已尽，这些食材就再没有让人留恋的价值了。

多寡须知

用贵物宜多，用贱物宜少[①]。煎炒之物多，则火力不透，肉亦不松。故用肉不得过半斤，用鸡、鱼不得过六两[②]。或问：食之不足，如何？曰：俟食毕后另炒可也。以多为贵者，白煮肉，非二十斤以外，则淡而无味。粥亦然，非斗米则汁浆不厚[③]，且须扣水[④]，水多物少，则味亦薄矣。

〔注释〕

①贵物、贱物：指一菜之中的贵重原料与便宜原料。

②六两：古代十六两为一市斤，六两相当于现在的0.375市斤。

③斗：盛粮食的器具，酒具。

④扣：限制。

〔译文〕

一道菜中，贵重原料用量要多，而便宜原料用量要少。煎炒的菜，原料太多，则火力达不到，肉就难做得酥松。因此，一盘菜，猪肉不能超过半斤，鸡、鱼不能超过六两。有的人会问：不够吃怎么办？回答是：等吃完后再炒就是了。有的菜，食物原料要多才能做出美味。如白煮肉，没有二十斤以上，就会淡而无味。

煮粥也是，没有斗米下锅，粥浆就不够黏稠；而且用水也要限制，如果水多米少，粥的味道也会很淡。

洁净须知

切葱之刀，不可以切笋；捣椒之臼[①]，不可以捣粉。闻菜有抹布气者，由其布之不洁也；闻菜有砧板气者，由其板之不净也。“工欲善其事，必先利其器。”[②]良厨先多磨刀，多换布，多刮板，多洗手，然后治菜。至于口吸之烟灰，头上之汗汁，灶上之蝇蚁，锅上之烟煤，一玷入菜中，虽绝好烹庖，如西子蒙不洁，人皆掩鼻而过矣。

〔注释〕

①臼(jiù)：舂米器，多用木石制成，泛指捣物的臼状容器。

②“工欲善其事”两句：语出《论语·卫灵公》。

〔译文〕

切葱的刀，不能再去切笋；捣椒的臼，不能再用来捣粉。闻到菜有抹布味，是由于抹布不干净；闻到菜有砧板味，是由于砧板不干净。《论语》中说：“工匠要做好自己的工作，必先备好自己的工具。”优秀的厨师，应多磨菜刀，勤换抹布，多刮砧板，勤洗手，然后再做菜。至于吸烟的烟灰，头上的汗水，灶上的苍蝇蚂蚁，锅上的烟灰煤渣，一旦玷污了菜肴，即使是再精心的好菜，也如西施沾上了污秽，人人都会掩鼻而过。

用纤须知

俗名豆粉为纤者，即拉船用纤也[1]，须顾名思义。因治肉者要作团而不能合，要作羹而不能腻，故用粉以牵合之。煎炒之时，虑肉贴锅，必至焦老，故用粉以护持之。此纤义也。能解此义用纤，纤必恰当，否则乱用可笑，但觉一片糊涂。《汉制考》齐呼曲麸为媒[2]，媒即纤矣。

〔注释〕

①纤：牵牲口、挽车船用的绳索，这里指"芡"，即豆粉。

②《汉制考》：宋王应麟著，四卷，考究两汉史志制度，是研究汉代社会制度的重要参考书。

〔译文〕

通常把豆粉称为"纤"，就是拉船要用的纤绳，顾名思义，就知道豆粉在烹调中的作用。厨师制作肉圆不容易黏合，制作汤羹要浓稠又不能过分油腻，都要用芡将它们粘在一起。煎炒肉类，如果肉贴了锅底，就容易烧焦变老，因此要用芡粉隔护。这就是芡粉的用处。能理解芡粉作用的厨师，用芡就会恰到好处。否则，乱用芡粉，菜就一塌糊涂。《汉制考》上把曲麸称为媒，媒就是芡粉的意思。

选用须知

选用之法，小炒肉用后臀[①]，做肉圆用前夹心[②]，煨肉用硬短勒[③]。炒鱼片用青鱼、季鱼[④]，做鱼松用鲩鱼[⑤]、鲤鱼。蒸鸡用雏鸡，煨鸡用骟鸡，取鸡汁用老鸡；鸡用雌才嫩，鸭用雄才肥；莼菜用头[⑥]，芹韭用根，皆一定之理。余可类推。

〔注释〕

①后臀：哺乳动物后腿的比较丰满的上部，通常称为后鞧。

②前夹心：通常也叫前槽肉，位于猪前腿上部，半肥半瘦，吸收水分能力较强，适于做馅和肉丸子。

③硬短勒：通常也叫五花肉，位于猪肋条骨下的板状肉。

④季鱼：即鳜（guì）鱼。肉质细嫩，刺少而肉多，其肉呈瓣状，味道鲜美。

⑤鲩（huàn）鱼：即草鱼。

⑥莼（chún）菜：多年生水草，叶片椭圆形，浮于水面，嫩叶可做汤菜。

〔译文〕

选用食材的方法，小炒肉要用后鞧肉，做肉丸用前槽肉，炖肉则用五花肉。炒鱼片用青鱼、鳜鱼，做鱼松用草鱼、鲤鱼。蒸鸡用小鸡，炖鸡用阉过的鸡，炖鸡汤用老母鸡；鸡用母鸡才嫩，鸭用公鸭才肥，莼菜用顶端的嫩叶，芹菜、韭菜吃根茎部分才有味道。食材选用都有一定的基本原则，其他的以此类推。

疑似须知[1]

味要浓厚，不可油腻；味要清鲜，不可淡薄。此疑似之间，差之毫厘，失之千里。浓厚者，取精多而糟粕去之谓也；若徒贪肥腻，不如专食猪油矣。清鲜者，真味出而俗尘无之谓也。若徒贪淡薄，则不如饮水矣。

〔注释〕

①疑似：近似。

〔译文〕

菜的味道要浓醇，但不能油腻；要清鲜，但不能淡薄。在这些近似的要求之间，其实是稍有偏差，效果就相差了很多。所谓味道浓厚，是要取其精华而去其糟粕。如果光是贪图肥腻厚重，倒不如专门吃猪油。味道清鲜，是指突出食材本味而不染其他。如果一味追求淡薄，倒不如直接喝清水。

补救须知

名手调羹，咸淡合宜，老嫩如式[1]，原无需补救。不得已为中人说法，则调味者，宁淡毋咸，淡可加盐以救之，咸则不能使之再淡矣。烹鱼者，宁嫩毋老，嫩可加火候以补之，老则不能强之再嫩矣。此中消息[2]，于一切下作料时，静观火色，便可参详[3]。

〔注释〕

①式：规格，标准。
②消息：奥妙，真谛。
③参详：思量，琢磨。

〔译文〕

名厨高手烹制菜肴，咸淡合适，老嫩有一定的标准，本不需做什么补救。但对水平一般的人还是需要谈一些补救的办法。即调味时，宁淡毋咸，淡了可加盐补救，咸了却没法使菜再变淡。做鱼时，宁嫩勿老，嫩了可再加火，老了则没法使它再变嫩。其中奥妙，应在做菜下料时，认真观察火候，就可以琢磨明白。

本分须知

满洲菜多烧煮，汉人菜多羹汤，童而习之，故擅长也。汉请满人，满请汉人，各用所长之菜，转觉入口新鲜，不失邯郸故步[1]。今人忘其本分，而要格外讨好。汉请满人用满菜，满请汉人用汉菜，反致依样葫芦，有名无实，画虎不成反类犬矣。秀才下场[2]，专作自己文字，务极其工[3]，自有遇合[4]。若逢一宗师而摹仿之，逢一主考而摹仿之，则掇皮无异[5]，终身不中矣。

〔注释〕

①邯郸(hándān)故步:《庄子·秋水》篇记载,燕国有人到赵国,见赵国人走路姿势很美,便跟着学习,结果不但没学好,反而忘了自己走路的方式,只好爬着回国。比喻一味地模仿别人,不仅没学到本事,反而把原来的本事也丢了。

②下场:旧时指到考场应考。

③工:精。

④遇合:彼此投合,欣赏。

⑤掇(duō)皮:拾取皮毛而已。掇,拾取。

〔译文〕

满洲菜大多烧煮,汉人菜大多汤羹,他们从小就这么学习的,所以各有擅长。汉人宴请满人,满人宴请汉人,各以擅长的菜式招待客人,换了口味,会让人觉得新鲜,不会像邯郸学步一样,丢了自己的特色。现在的人忘了本分,而是刻意讨好客人。汉人请满人时做满菜,满人请汉人时做汉菜,结果是依葫芦画瓢,有名无实,画虎不成反像犬了。秀才进考场,只要专心突出自己所擅长的,务求精益求精,自然会有受到赏识的机会。如果一味模仿某一宗师的文章,或模仿某一考官的文章,也只能是略得皮毛,一生也难以考中。

戒 单

〔题解〕

这一部分是袁枚饮食理论之二。袁枚认为:做菜的时候,与能够做什么比起来,知道不该做什么更重要。他将这一部分的内容用当官为政作比喻,认为为政者的根本在兴利除弊,兴利固然好,但除弊更重要。此部分从不做谈起,事无巨细地指出做菜时种种不该做的事。比如不该违背食物本性,不该违背做菜的顺序,不该不懂吃饭的礼仪,不该让菜落入俗套,失去了自己的个性,不该将就凑合,等等。放在次章,同样表明《戒单》的不可或缺,也表明应该把做菜当作一件大事来看,要认真对待的同时,还要科学对待。所以前面的这两个部分的理论,成为后世烹饪界的至理名言,甚至现在还被应用和遵守。

为政者兴一利,不如除一弊。能除饮食之弊,则思过半矣①,作《戒单》。

〔注释〕

①思过半矣:语出《周易·系辞下》,指已领悟了大半。

〔译文〕

当官者为政，为百姓兴办一项有利益的事业，不如去除一个弊端。同样的道理应用于饮食行业：能够除掉饮食中的弊端，就已经领悟了大半的饮食之道，因此作《戒单》。

戒外加油

俗厨制菜，动熬猪油一锅，临上菜时，勺取而分浇之，以为肥腻。甚至燕窝至清之物，亦复受此玷污。而俗人不知，长吞大嚼，以为得油水入腹。故知前生是饿鬼投来。

〔译文〕

普通厨师做菜，动不动就熬一锅猪油，临上菜时，用勺分别浇在菜上，认为这样是给菜肴增肥腻之味。甚至连燕窝这样极为清爽的食材，也被这种方式玷污了。但一般人并不懂，狼吞虎咽，以为可以得更多的油水进肚。这些人就像饿鬼投胎来的。

戒同锅熟

同锅熟之弊，已载前“变换须知”一条中。

〔译文〕

食材同锅共煮的弊端，已在前面“变换须知”的条目中说过了。

戒耳餐

何谓耳餐？耳餐者，务名之谓也，贪贵物之名，夸敬客之意，是以耳餐，非口餐也。不知豆腐得味，远胜燕窝；海菜不佳，不如蔬笋。余尝谓鸡、猪、鱼、鸭，豪杰之士也，各有本味，自成一家。海参、燕窝，庸陋之人也，全无性情，寄人篱下。尝见某太守宴客，大碗如缸，白煮燕窝四两，丝毫无味，人争夸之。余笑曰："我辈来吃燕窝，非来贩燕窝也。"可贩不可吃，虽多奚为？若徒夸体面，不如碗中竟放明珠百粒，则价值万金矣。其如吃不得何？

〔译文〕

什么是耳餐？耳餐就是只追求吃菜的名声，贪图食材名贵，浮夸地表示敬客之意，这是听起来好听，但不是吃起来可口的一餐。不知道豆腐做得好，味道远胜燕窝；海鲜做不好，还不如蔬菜竹笋。我曾说鸡、猪、鱼、鸭为食材里的豪杰，各有本味，能够独立成菜。而海参、燕窝这些，就如庸鄙的人，全无个性，它的味道全靠配菜。我曾遇到一位太守请客，碗大得像缸，盛满四两白煮燕窝，食之无味，客人却争相夸耀。我开玩笑说："我们是来吃燕窝的，不是来贩卖燕窝的。"多得像批发贩卖，但不可口，虽多又有什么用？如果只是为了得到虚夸和体面，倒不如在碗里放上珍珠百颗，价值万金。管它能吃不能吃呢？

戒目食

何谓目食？目食者，贪多之谓也。今人慕“食前方丈”之名[①]，多盘叠碗，是以目食，非口食也。不知名手写字，多则必有败笔；名人作诗，烦则必有累句。极名厨之心力，一日之中，所作好菜不过四五味耳，尚难拿准，况拉杂横陈乎？就使帮助多人，亦各有意见，全无纪律，愈多愈坏。余尝过一商家，上菜三撤席[②]，点心十六道，共算食品将至四十余种。主人自觉欣欣得意，而我散席还家，仍煮粥充饥。可想见其席之丰而不洁矣。南朝孔琳之曰[③]：“今人好用多品，适口之外，皆为悦目之资。”余以为肴馔横陈[④]，熏蒸腥秽[⑤]，口亦无可悦也。

〔注释〕

①食前方丈：吃饭时面前一丈见方的地方都摆满了食物，形容生活奢侈。

②三撤席：因为菜品比较多，所以一席用毕后，撤下再设续席，每一席称“一度”，每一次换席，菜品和器皿全部换新。

③孔琳之：字彦琳，南朝宋文学家，会稽山阴人。官至礼部尚书。刚强正直，廉洁贫素。

④肴馔(zhuàn)横陈：形容宴席上菜肴丰盛。馔，菜肴。

⑤腥秽：腥臭，秽气，这里指气味混杂。

〔译文〕

什么叫目食？所谓目食，就是贪多。现在的人羡慕“食前方丈”的虚名，菜肴满桌，碗盘叠摞，这是用眼睛吃，不是用嘴吃。这些人不知道，就像名家写字，写多了一定有败笔；名人作诗，作多了一定有病句。名厨即使竭尽所能，一天之内，所做的好菜也不过是四五味而已，这已经很不容易，何况要应付那些乱七八糟的酒席？即使帮厨很多，但各有见解，全无规则，越多越坏事。我曾到一位商人家中赴宴，上菜时换席三次，点心十六道，各种食肴四十多种。主人洋洋得意，可我散席回家，还得煮粥充饥。可以想见虽然酒席丰盛，却不够洁净。南朝孔琳之就说过：“现在的人贪求菜肴多样，但除了几样可口以外，多数只是用来饱眼福的点缀品。”我认为，菜肴丰盛横七竖八地摆满桌子，各种气味混杂，即使适口也是做不到的。

戒穿凿①

物有本性，不可穿凿为之。自成小巧，即如燕窝佳矣，何必捶以为团？海参可矣，何必熬之为酱？西瓜被切，略迟不鲜，竟有制以为糕者。苹果太熟，上口不脆，竟有蒸之以为脯者②。他如《尊生八笺》之秋藤饼③，李笠翁之玉兰糕④，都是矫揉造作，以杞柳为杯棬⑤，全失大方。譬如庸德庸行，做到家便是圣人，何必索隐行怪乎⑥？

〔**注释**〕

①穿凿：非常牵强地解释。

②脯(fǔ):肉干或果干。

③《尊生八笺》:明代高濂所著,是一部养生专著,从八个方面讲述了通过养生来预防疾病,达到长寿的方法。

④李笠翁:清代作家李渔。在其戏曲论著《闲情偶寄》里记载了一些饮食方面的内容。

⑤以杞(qǐ)柳为杯棬(quān):典出《孟子·告子上》,比喻物件失去它原来的本性。杞柳,木名,枝条柔韧,可编制箱筐等器物。杯棬,用曲木制成的杯盘。

⑥索隐行怪:寻隐居之所,做古怪之行,以求高名。

〔译文〕

食物都有自己的本性,不能牵强行事。顺其自然,就会做成精巧的好菜。比如燕窝,本身就是好食材,何必再捶成一团?海参也是,原汁原味就很好,何必要熬成酱?西瓜切开后,时间稍长就不新鲜了,竟然还有人把它做成糕点。苹果熟大了,吃着已经不脆,但竟有人把它蒸成果脯。其他像《尊生八笺》里记载的秋藤饼,李笠翁记载的玉兰糕,都显得矫揉造作,就像把杞柳做成杯盘一样,失去了它原本自然大方的本性。比如平常的品德和言行,能做到持之以恒,那就是圣人,又何必故作神秘、行为古怪以求高名呢?

戒停顿

物味取鲜,全在起锅时极锋而试[①];略为停顿,便如霉过衣裳,虽锦绣绮罗,亦晦闷而旧气可憎矣[②]。尝见性急主人,每摆菜必一齐搬出。于是厨人将一席之菜,都放蒸笼中,候主人催取,通行齐上。此中尚得有佳味哉?在善烹饪者,一盘一碗,费尽心思;在吃者,卤莽暴戾,囫囵吞下,真所谓得哀家梨③,仍复蒸食者矣。余到粤东,食杨兰坡明府鳝羹而美④,访其故,曰:"不过现杀现烹,现熟现吃,不停顿而已。"他物皆可类推。

〔注释〕

①极锋而试:应为"及锋而试",语出《史记·高祖本纪》,指趁锋利的时候用它,比喻趁有利的时机行动。

②晦闷:阴暗而不通风。

③哀家梨:指汉代秣陵人哀仲种的梨,据说果大而爽脆甜美,后比喻说话或写文章流畅爽利。

④明府:汉魏以来对郡守牧尹的尊称,又称明府君。

〔译文〕

食物味道的鲜美,全在刚出锅时的趁热品尝;稍有停顿耽搁,鲜香尽减,就像霉变的衣服,虽是锦绣绫罗,但由于阴暗不通风有股令人讨厌的陈旧气味。我曾遇到性急的主人,每次宴请,总是要家厨把所有菜一齐上桌。家厨只好把一桌菜全放在蒸笼里,等主人催菜,就把所有菜一齐摆上去。这么做,哪可能还有美味?擅长做菜的厨师,每一道菜都费尽心思;而食客,粗暴鲁莽,狼吞虎咽,囫囵吞枣,就好像是得到爽脆甜美的哀家梨,不趁新鲜时品尝,却要蒸熟了吃。我到广东东部,吃到杨兰坡郡守家美味的鳝鱼羹,我问为什么好吃。他说:"不过是现杀现做,熟了就吃,不停顿而已。”其他菜式也如此。

戒暴殄[1]

暴者不恤人功,殄者不惜物力。鸡、鱼、鹅、鸭,自首至尾,俱有味存,不必少取多弃也。尝见烹甲鱼者,专取其裙[2],而不知味在肉中;蒸鲥鱼者,专取其肚,而不知鲜在背上。至贱莫如腌蛋,其佳处虽在黄不在白,然全去其白而专取其黄,则食者亦觉索然矣。且予为此言,并非俗人惜福之谓,假设暴殄而有益于饮食,犹之可也。暴殄而反累于饮食,又何苦为之?至于烈炭以炙活鹅之掌,刬刀以取生鸡之肝[3],皆君子所不为也。何也?物为人用,使之死可也,使之求死不得不可也。

〔注释〕

①暴殄(tiǎn):任意浪费糟蹋。

②裙:鳖甲边缘的肉质部分。

③刬(tuán):割,切断。

〔译文〕

暴虐的人不体恤人力的消耗,浪费的人不会珍惜食材的耗费。鸡、鱼、鹅、鸭,从头到尾,各部分都有其独特的风味,不是一定用的少扔的多。我曾见有人做甲鱼,专用它甲壳的肉质软边,却不知道甲鱼肉才是美味的部分。也有蒸鲥鱼时,只吃鱼腹而不知鲥鱼肉最鲜美的地方是鱼背处。最便宜的就是腌蛋了,它最好的味道虽然在蛋黄不在蛋白,但如果把蛋白全部去掉光吃蛋黄,吃起来也觉得索然无味了。我这么说,并不是一般人所说的是为了节省。假如浪费有利于菜品,也还说得过去。但浪费食材又影响口感,那又何必呢?至于用炭火烤活鹅掌,用刀割取活鸡的肝,这些都是君子不忍心做的。为什么呢?家畜动物被人吃,宰杀了就行了,但让它求死不得却是非常不可取的。

戒纵酒

事之是非,惟醒人能知之;味之美恶,亦惟醒人能知之。伊尹曰[①]:"味之精微,口不能言也。"口且不能言,岂有呼呶酗酒之人[②],能知味者乎?往往见拇战之徒[③],啖佳菜如啖木屑,心不存焉。所谓惟酒是务,焉知其余,而治味之道扫地矣。万不得已,先于正席尝菜之味,后于撤席逞酒之能,庶乎其两可也。

〔注释〕

①伊尹:商汤时期的政治家、思想家。因高超的烹饪技巧,被称为中华厨祖。

②呼呶(náo):大声喧闹。呶,喧闹声。

③拇战:猜拳。

〔译文〕

事情的是与非,只有头脑清醒的人才能判断;菜品味道的好坏,也只有头脑清醒的人才尝得出。伊尹就说过:“美味的精妙之处,是难以用语言表达的。”清醒的人尚且难以用语言表达,那些大呼小叫的酒徒,又怎能品尝出菜品的美味?常见到那些猜拳酗酒的酒徒,吃美味如嚼木屑,心不在焉。他们一心向酒,哪里还管其他,品尝美食的想法完全没有了。如果一定要喝酒,就应该先在正席品尝菜肴的美味,撤席后再喝酒逞能,这样或许可以二者兼顾。

戒火锅

冬日宴客,惯用火锅,对客喧腾,已属可厌;且各菜之味,有一定火候,宜文宜武,宜撤宜添,瞬息难差。今一例以火逼之,其味尚可问哉?近人用烧酒代炭,以为得计,而不知物经多滚,总能变味。或问:“菜冷奈何?”曰:“以起锅滚热之菜,不使客登时食尽,而尚能留之以至于冷,则其味之恶劣可知矣。”

〔译文〕

冬天请客,习惯吃火锅,火锅摆在客人面前热气腾腾,烟熏火燎,实在令人生厌。而且各种食材烹调的时间都不一样,有的需用文火,有的需用旺火,该撤火时撤火,该添火时添火,不能有丝毫误差。现在全部下到火锅里乱煮,那味道还用问吗?最近有人发明了用烧酒代替木炭,以为是个好方法,却不知食物经过多次沸煮总要变味的。有人会问:“(冬天吃炒菜),菜冷了怎么办?”我说:“起锅时滚热的菜,不让客人马上吃完,直到菜变凉了还没吃完,菜的味道有多差就可想而知了。”

戒强让

治具宴客[①],礼也。然一肴既上,理宜凭客举箸,精肥整碎,各有所好,听从客便,方是道理,何必强让之?常见主人以箸夹取,堆置客前,污盘没碗,令人生厌。须知客非无手无目之人,又非儿童、新妇,怕羞忍饿,何必以村妪小家子之见解待之?其慢客也至矣!近日倡家[②],尤多此种恶习,以箸取菜,硬入人口,有类强奸,殊为可恶。长安有甚好请客而菜不佳者,一客问曰:“我与君算相好乎?”主人曰:“相好!”客跽而请曰[③]:“果然相好,我有所求,必允许而后起。”主人惊问:“何求?”曰:“此后君家宴客,求免见招。”合坐为之大笑。

〔注释〕

①治具:备办酒食,设宴。

②倡家:古代指从事歌舞音乐的乐人,后常用来指妓女或歌伎。

③跽(jì):双膝着地,上身挺直,引申为拜伏、敬奉。

〔译文〕

设宴待客,是一种礼节。一道菜上桌应该让客人自行选择,瘦肥整碎,各取自己喜欢的,主随客便,才是待客之道,何必强劝客人呢?经常看到主人用筷子夹了菜,放在客人的盘子里,弄得盘污碗满,令人生厌。要知道客人又不是没手没眼睛,也不是小孩、新娘子因为害羞而忍饥挨饿,何必用那些小家子气的方式来待客呢?这种方式是对客人最怠慢的!近来歌伎中这种恶习尤其流行,夹着菜硬塞到客人嘴里,好比强奸,特别可恶。长安有位特别爱请客的人,但菜又不好,有一个客人对他说:"我与您算好朋友吧?"主人说:"当然是好朋友。"客人双膝着地,上身挺直请求说:"如果真是好朋友,我有一个请求,您答应我才起来。"主人惊问:"有何请求?"客人说:"以后您家请客,请一定不要再邀请我。"满桌人大笑不止。

戒走油[①]

凡鱼、肉、鸡、鸭,虽极肥之物,总要使其油在肉中,不落汤中,其味方存而不散。若肉中之油半落汤中,则汤中之味反在肉外矣[②]。推原其病有三:一误于火太猛,滚急水干,重番加水;一误于火势忽停,既断复续;一病在于太要相度[③],屡起锅盖,则油必走。

〔注释〕

①走油:含油物渗出油脂。

②外:越出,超出。

③相度:观察估量。

〔译文〕

即使鱼、肉、鸡、鸭都是肥美的，但一定也要将它们的油脂留在肉里，不能让油脂溢到汤中，这样才能保持肥美味道不外泄。如果肉中的油脂一半溶解到汤中，那肉的味道就进入汤中了。推究失误的原因有三个：一是火太旺，水分被蒸干，重新几次加水；一是火突然熄灭，断火再点燃；一是急于观察肉是否煮好，屡次揭锅盖，一定会让肉走油了。

戒落套

唐诗最佳，而五言八韵之试帖①，名家不选，何也？以其落套故也。诗尚如此，食亦宜然。今官场之菜，名号有“十六碟”“八簋”“四点心”之称②，有“满汉席”之称，有“八小吃”之称，有“十大菜”之称，种种俗名，皆恶厨陋习，只可用之于新亲上门，上司入境，以此敷衍，配上椅披桌裙，插屏香案，三揖百拜方称。若家居欢宴，文酒开筵③，安可用此恶套哉？必须盘碗参差，整散杂进，方有名贵之气象。余家寿筵婚席，动至五六桌者，传唤外厨，亦不免落套。然训练之卒，范我驰驱者④，其味亦终竟不同。

〔注释〕

①试帖：试帖诗是中国封建时代的一种诗体，唐代及以后科举考试中

常被采用,诗或五言或七言,或八韵或六韵,题以“赋得”两字,故叫“赋得体”。

②簋(guǐ):古代祭祀宴享时盛黍稷的器皿。

③文酒:饮酒赋诗。

④范:规范。驰驱:语出《孟子·滕文公下》,指策马疾驰。

〔**译文**〕

唐诗最好,但唐诗中的试帖诗,名家做选集时却不会选它,为什么?因为它太落俗套。诗尚且如此,饮食也一样。今官场的菜品,有“十六碟”“八簋”“四点心”,或“满汉全席”,或“八小吃”,或“十大菜”等各类名目,这些俗名,都是鄙陋的厨师的陈规旧习,只可用于新亲上门,或上司到来时用作敷衍应付,再配上椅披桌裙,屏风香案,多次行礼才能对应。如果是家居宴请,饮酒赋诗,哪里要用这一套?只需盘碗交错,整散搭配,才能显出名贵的气象。我家的寿筵婚席,经常就有五六桌之多,请外面的厨师来掌勺,也难免落入俗套。但经过我的指导后,也能按照我的规范做事,菜肴味道终究还是不同的。

戒混浊

混浊者,并非浓厚之谓。同一汤也,望去非黑非白,如缸中搅浑之水。同一卤也,食之不清不腻,如染缸倒出之浆。此种色味令人难耐。救之之法,总在洗净本身,善加作料,伺察水火,体验酸咸,不使食者舌上有隔皮隔膜之嫌。庾子山论文云[①]:“索索无真气,昏昏有俗心[②]”，是即混浊之谓也。

〔注释〕

①庾子山：即庾信，字子山，南北朝时诗人，擅长宫体诗。

②“索索无真气”两句：语出庾信《拟咏怀》诗。索索，冷漠，无生气貌。昏昏，糊涂，愚昧。

〔译文〕

混浊，并不是浓厚的意思。如一锅汤，看上去不黑不白，像缸里搅混的水。如卤品，吃起来不清爽不肥腻，像染缸倒出的浆水。这种颜色味道实在让人难以忍受。补救的办法，是需要洗净食材，合理放调料，观察火候，品尝酸咸，不让吃的人感觉舌头上有隔皮隔膜的不好体验。庾信评论文章时曾说：“索索无真气，昏昏有俗心”，这就是浑浊不清的意思。

戒苟且

凡事不宜苟且，而于饮食尤甚。厨者，皆小人下材，一日不加赏罚，则一日必生怠玩。火齐未到而姑且下咽[①]，则明日之菜必更加生。真味已失而含忍不言，则下次之羹必加草率。且又不止空赏空罚而已也。其佳者，必指示其所以能佳之由；其劣者，必寻求其所以致劣之故。咸淡必适其中，不可丝毫加减；久暂必得其当，不可任意登盘。厨者偷安，吃者随便，皆饮食之大弊。审问慎思明辨[②]，为学之方也；随时指点，教学相长，作师之道也。于是味何独不然？

〔注释〕

①火齐：烹煮时的调料和火候。齐(jì)：通“剂”，指调味品。

②审问慎思明辨：语出《礼记·中庸》：“博学之，审问之，慎思之，明辨之，笃行之。”审问，有针对性地提问请教。慎思，学会周全地思考。明辨，形成清晰的判断力。

〔译文〕

凡事都不该马虎了事，饮食更是。厨师，多是地位较低的人，一天不严加赏罚批评，则一天就生出懈怠玩弄之心。他做的菜，如果火候味道不到，将就吃了，那第二天的菜就更生硬。把菜做得没有味道，还忍耐不说，那下次做羹汤就更加草率了。而且赏罚批评不能只是空谈。做得好的，指出好在哪里；做得不好的，也要指出不好在哪里。做的菜，咸淡要合适，不能有丝毫增减；火候要得当，不能随意上盘出菜。厨师偷懒，食客将就，都是饮食大忌。有针对性地提问，周全地思考，清晰地判断，是学习的方法；而随时指导，教和学互相促进，也是老师的责任。饮食何尝不是如此呢？

海鲜单

〔题解〕

从这一部分开始是袁枚食单的主体部分。记录了十二种按食材分类的菜单,海鲜单是第一类。在这一部分序言里,他就说海鲜在古代并没有列入八珍中,但当时清代人喜欢,所以才列了进来。在海鲜单中袁枚介绍了燕窝、海参、鱼翅、鳆鱼等九种海鲜食材及其做法,有很多烹饪技术现在还在沿用。但也有个别食材分类不那么科学,做法也值得商榷。比如燕窝不该放到海鲜类别里,它不是海鲜;再如鳆鱼(鲍鱼)肉质坚硬,咬不动,得长时间烹煮,其实是因为火候太过失去了脆爽的本质。因此还需甄别对待。

古八珍并无海鲜之说①。今世俗尚之,不得不吾从众,作《海鲜单》。

〔注释〕

①古八珍:《周礼·天官宗宰·膳夫》记载"珍用八物"。郑玄注认为这八种珍贵食材有淳熬、淳母、炮豚、炮牂(zāng)、捣珍、渍、熬、肝膋(liáo)

等。后泛指珍馐美味。

〔译文〕

古代八珍并不包括海鲜。但现代(清代)的人喜欢海鲜,所以我也不得不从众,作了《海鲜单》。

燕　窝

燕窝贵物,原不轻用。如用之,每碗必须二两,先用天泉滚水泡之①,将银针挑去黑丝,用嫩鸡汤、好火腿汤、新蘑菇三样汤滚之,看燕窝变成玉色为度。此物至清,不可以油腻杂之;此物至文②,不可以武物串之③。今人用肉丝、鸡丝杂之,是吃鸡丝、肉丝,非吃燕窝也。且徒务其名,往往以三钱生燕窝盖碗面,如白发数茎,使客一撩不见,空剩粗物满碗。真乞儿卖富,反露贫相。不得已则蘑菇丝、笋尖丝、鲫鱼肚、野鸡嫩片尚可用也。余到粤东,杨明府冬瓜燕窝甚佳,以柔配柔,以清入清,重用鸡汁、蘑菇汁而已。燕窝皆作玉色,不纯白也。或打作团,或敲成面,俱属穿凿。

〔注释〕

①天泉:天然泉水。

②文:此处指柔和。

③武物:质地坚硬的食材。

〔译文〕

燕窝是珍贵食材，原本不轻易使用。如果用，每碗要用二两，先用煮沸的天然泉水泡发，然后用银针挑去里面的黑色燕毛，再用嫩鸡、上好的火腿、新蘑菇三样汤和燕窝一起烧煮，燕窝变成玉色就可以了。燕窝是最清爽的食材，不能和油腻的食材混杂；燕窝还是非常柔和的食材，不能和质地较硬的食材混配。如今的人将燕窝和肉丝、鸡丝混杂同煮，这是吃鸡丝、肉丝，不是吃燕窝。也有人追求燕窝的空名，常常用三钱生燕窝做盖面，燕窝就像几根白发，吃客筷子一挑就找不到了，只剩下满碗粗俗食物。就像乞丐卖弄富有，反而露出了穷酸相。不得已要做搭配的话，蘑菇丝、笋尖丝、鲫鱼肚、嫩野鸡片还可以凑合使用。我到粤东时，杨明府家做的冬瓜燕窝很好，以柔配柔，以清入清，只是多用鸡汤、蘑菇汤而已。燕窝是玉色，并不是纯白的。那些把燕窝打成团，或敲成面的，都是穿凿附会的牵强做法。

海参三法

海参，无味之物，沙多气腥，最难讨好。然天性浓重，断不可以清汤煨也[①]。须检小刺参，先泡去沙泥，用肉汤滚泡三次，然后以鸡、肉两汁红煨极烂。辅佐则用香蕈[②]、木耳，以其色黑相似也。大抵明日请客，则先一日要煨，海参才烂。尝见钱观察家[③]，夏日用芥末、鸡汁拌冷海参丝，甚佳。或切小碎丁，用笋丁、香蕈丁入鸡汤煨作羹。蒋侍郎家用豆腐皮[4]、鸡腿、蘑菇煨海参，亦佳。

〔注释〕

①煨：烹饪法，用微火慢慢地煮。

②香蕈（xùn）：即香菇。

③观察：官名，清代对道员的尊称。

④侍郎：官名，明清时期为正二品官，与尚书同为各部堂官。

〔译文〕

海参本是没什么味道的东西，而且沙泥多，气味腥，最难做得好吃。海参天性腥味浓重，千万不能用清淡的汤来煨煮。做时需要选小刺参，浸泡去掉沙泥，然后放到肉汤中滚泡三次，然后再用鸡汁、肉汁红煨至烂熟。并配上香菇、木耳等辅料，因为它们都是黑色的，与海参颜色相似。一般次日请客，需要提前一天煨煮，海参才会爽弹软烂。我曾见识钱观察家的海参做法，夏天用芥末、鸡汁拌冷海参丝，味道很好。或者把海参切成小碎丁，用笋丁、香菇丁同鸡汤煨煮成羹。蒋侍郎家用豆腐皮、鸡腿、蘑菇煨煮海参，味道也很好。

鱼翅二法

鱼翅难烂，须煮两日，才能摧刚为柔。用有二法：一用好火腿、好鸡汤，加鲜笋、冰糖钱许煨烂，此一法也；一纯用鸡汤串细萝卜丝，拆碎鳞翅搀和其中，飘浮碗面，令食者不能辨其为萝卜丝、为鱼翅，此又一法也。用火腿者，汤宜少；用萝卜丝者，汤宜多。总以融洽柔腻为佳。若海参触鼻[①]，鱼翅跳盘[②]，便成笑话。吴道士家做鱼翅，不用下鳞[③]，单用上半原根，亦有风味。萝卜丝须出水二次，其臭才去。尝在郭耕礼家吃鱼翅炒菜，妙绝！惜未传其方法。

〔注释〕

①海参触鼻：海参没有发透，烹调时就比较硬，很难煨烂，吃的时候就会触及鼻尖。

②鱼翅跳盘：鱼翅没有发好，烹调时比较硬直，用筷子夹时就容易滑落到盘外。

③下鳞：鱼翅下半部分。

〔译文〕

鱼翅很难煮烂，要煮两天，才有可能使它变软。一般有两种做法：用上好的火腿和鸡汤，加入鲜笋，加入冰糖一钱左右，小火慢慢煮熟，这是一法；用纯鸡汤加细萝卜丝，拆碎鱼翅掺在里面，细丝漂在汤中，令吃客难以分辨萝卜丝和鱼翅，这又是一法。如果用火腿，汤应少点；而用萝卜丝，汤应该多些。总之，让鱼翅呈现出柔软细腻的品相就最好了。如果海参没有发透，吃的时候生硬能触到鼻尖，或鱼翅硬直，筷子一夹就跳落到盘外，那就成了笑话。吴道士家做的鱼翅，不用鱼翅下半段，只用上半部分，也有风味。萝卜丝必须过水两次，才能去除它的臭味。我曾在郭耕礼家吃鱼翅炒菜，非常好吃！可惜没能学到这道菜的做法。

鳆　鱼[1]

鳆鱼炒薄片甚佳，杨中丞家[2]，削片入鸡汤豆腐中，号称"鳆鱼豆腐"，上加陈糟油浇之[3]。庄太守用大块鳆鱼煨整鸭[4]，亦别有风趣。但其性坚，终不能齿决。火煨三日，才拆得碎。

〔注释〕

①鳆鱼：即鲍鱼。

②中丞：官名，汉代为御史大夫下设属官，明清时指巡抚。

③陈糟油：一种调味品，以陈年酒糟为主要原料，提取其中的汁液，配以香辛料，精制而成。

④太守：官名，为州郡最高的行政长官，明清时专指知府。

〔译文〕

鲍鱼的最佳吃法是炒薄片，杨中丞家把鲍鱼切成片，放到鸡汤豆腐中一起煮，叫作"鲍鱼豆腐"，上面加陈糟油调味。庄太守家用大块鲍鱼和整只鸭小火慢炖，也别有风味。但鲍鱼肉质坚硬，牙齿很难咬嚼。需用小火慢炖三天，才能熟烂咬得动。

淡　菜

淡菜煨肉加汤[1]，颇鲜。取肉去心，酒炒亦可。

〔注释〕

①淡菜:贻贝的肉经烧煮暴晒而成的干制食品,以煮晒时不加盐,故名。

〔译文〕

用淡菜煨肉加点汤,味道非常鲜美。或将淡菜去掉内脏,以酒炒也很好。

海　蝘

海蝘,宁波小鱼也,味同虾米,以之蒸蛋甚佳,作小菜亦可。

〔译文〕

海蝘(yǎn),是宁波地区出产的一种小鱼,味道同虾米差不多,用它来蒸蛋很好吃,也可以用它做小菜。

乌鱼蛋

乌鱼蛋最鲜,最难服事[①]。须河水滚透,撤沙去臊,再加鸡汤、蘑菇煨烂。龚云若司马家[②],制之最精。

〔注释〕

①服事:处理,调制。

②司马:官名,掌管军事。

〔译文〕

乌鱼蛋的味道最为鲜美,也最难处理。必须用河水烧滚煮透,才能洗掉沙子,去除掉腥臊味,再加鸡汤、蘑菇慢火炖烂。司马龚云若家做的这道菜,最为精妙味美。

江瑶柱

江瑶柱出宁波[1],治法与蚶、蛏同[2]。其鲜脆在柱,故剖壳时,多弃少取。

〔注释〕

①江瑶柱:又称干贝,是用扇贝的闭壳肌制成的干制品。

②蚶(hān):软体动物,生活在浅海中,壳厚而坚硬,肉质鲜美。蛏(chēng):软体动物,介壳两扇,形狭长,生活在浅海里,色白,肉质鲜美。

〔译文〕

江瑶柱多是宁波出产的,烹制方法和蚶子、蛏子一样。它鲜脆的地方在肉柱部分,因此在剖壳时要仅取用肉柱部分,其他的部位舍弃不用。

蛎　黄[1]

蛎黄生石子上,壳与石子胶粘不分。剥肉作羹,与蚶、蛤相似[2]。一名鬼眼。乐清、奉化两县土产[3]，别地所无。

〔注释〕

①蛎黄：牡蛎肉，又叫生蚝，软体动物，肉鲜美，壳可入药。

②蛤(gé)：有介壳的软体动物，生活在浅海，肉可食。

③乐清：今浙江乐清市。奉化：今浙江宁波市奉化区。

〔译文〕

牡蛎是长在石头上的，它的壳与石头粘得很紧。剥出的肉作汤，做法与蚶、蛤差不多。又称为鬼眼，是浙江乐清、奉化两县的土特产，别的地方没有。

江鲜单

〔题解〕

在这一部分里，袁枚主要介绍在江中出产的鱼虾等水产品。作为才子，袁枚即使是记录饮食，也不忘先从文化谈起，自晋朝建立，后晋室南迁，建立东晋，政权的中心由北方的洛阳迁到了南方的南京。以此延续至六朝，饮食习惯也由北方的重面食而转为吃米饭。南方多江多水的地域环境，也掀起了士大夫阶层和文人墨客推崇吃江鲜的风尚，因此袁枚的“江鲜单”就从东晋郭璞的《江赋》谈起，说明自己所列的江鲜单的范围，是从赋作中提到的江中常见的鱼类作为选录标准的。

郭璞《江赋》鱼族甚繁①。今择其常有者治之，作《江鲜单》。

〔注释〕

①郭璞(pǔ)：字景纯，河东郡闻喜(今山西闻喜)人。东晋文学家、训诂学家，好经术，擅词赋。曾作《江赋》，赞颂长江之美。

〔译文〕

东晋郭璞在其《江赋》中描述了很多鱼类的品种，现在选择其中常见鱼类的做法汇集于此，称《江鲜单》。

刀鱼二法

刀鱼用蜜酒酿、清酱[①]，放盘中，如鲥鱼法，蒸之最佳，不必加水。如嫌刺多，则将极快刀刮取鱼片，用钳抽去其刺。用火腿汤、鸡汤、笋汤煨之，鲜妙绝伦。金陵人畏其多刺[②]，竟油炙极枯，然后煎之。谚曰："驼背夹直，其人不活。[③]"此之谓也。或用快刀，将鱼背斜切之，使碎骨尽断，再下锅煎黄，加作料，临食时竟不知有骨：芜湖陶大太法也[④]。

〔注释〕

①清酱：即酱油，是中国的传统调味品。

②金陵：今南京。

③"驼背夹直"两句：谚语，把驼背的人的脊骨夹直，人也就被夹死了，指矫正缺陷，要因事制宜，不可过激。

④陶大太：清乾隆年间的名厨。

〔译文〕

刀鱼用甜酒酿、酱油稍腌，然后放在盘中，用蒸鲥鱼的方法蒸，味道最好，不用加水。如果嫌鱼刺多，可以用锋利的刀削取鱼片，再用钳子拔去鱼刺。然后用火腿汤、鸡汤、笋汤来小火慢炖,鲜美无比。南京人怕刀鱼的刺多,直接用油炸至焦干酥脆,然后再煎。俗话说:“把驼背人夹直,那人非死不可。”就是讲的这个道理。或者用锋利的刀在鱼背上斜切,把鱼骨剁碎,然后下锅煎到焦黄,加上作料,吃的时候竟不知道鱼中有骨,这是芜湖陶大太家的烹制法。

鲥 鱼

鲥鱼用蜜酒蒸食[1],如治刀鱼之法便佳。或竟用油煎,加清酱、酒酿亦佳[2]。万不可切成碎块,加鸡汤煮;或去其背,专取肚皮,则真味全失矣。

〔注释〕

①蜜酒:用蜂蜜酿制的酒,亦泛指甜酒。

②酒酿(niàng):旧时叫“醴”,是中国传统的特产酒,用蒸熟的糯米加曲酿造的甜酒,又称酒娘、江米酒等。

〔译文〕

鲥鱼加上蜜酒蒸很好吃,和做刀鱼的方法近似。或直接用油煎,加上清酱、酒酿,也不错。千万不能切成碎块,加鸡汤煮;或者剔去鱼背,专门用鱼腹,那样做鲥鱼最好的味道就没了。

鲟 鱼

尹文端公[1],自夸治鲟鳇最佳[2]。然煨之太熟,颇嫌重浊。惟在苏州唐氏，吃炒鳇鱼片甚佳。其法切片油炮[3]，加酒、秋油滚三十次，下水再滚起锅，加作料，重用瓜、姜、葱花。又一法，将鱼白水煮十滚，去大骨，肉切小方块，取明骨切小方块[4]；鸡汤去沫，先煨明骨八分熟，下酒、秋油，再下鱼肉，煨二分烂起锅，加葱、椒、韭，重用姜汁一大杯。

〔注释〕

①尹文端公：尹继善，字元长，号望山，谥号文端。雍正朝进士，清代名臣。

②鲟鳇（xúnhuáng）：学名达氏鳇，是中国淡水鱼类中体重最大的鱼类，主要分布于黑龙江流域。

③油炮：即油爆，一种烹饪方法，先水煮后热油爆炒，再勾芡汁。

④明骨：鲟鳇鱼头骨，色白质软，味美，又称鲟脆。

〔译文〕

尹继善曾自夸最擅长做鲟鱼。但他的做法炖得有点过，味道太浓浊了。只有在苏州唐家吃到的炒鳇鱼片非常好。方法是把鱼切片油爆，加酒、酱油烧滚三十次，加水再烧开起锅，加作料，多放瓜、姜、葱花等。还有一种方法：将鱼用白水煮十滚，切去大骨，鱼肉切成小方块，取鱼头骨也切成小方块；鸡汤撇去沫，先小火慢炖鱼头骨至八分熟，加酒、酱油，再放入鱼肉，小火煮至二分烂起锅，加葱、椒、韭和一大杯姜汁即可。

黄　鱼

黄鱼切小块，酱酒郁一个时辰[①]，沥干，入锅爆炒两面黄，加金华豆豉一茶杯，甜酒一碗，秋油一小杯，同滚。候卤干色红，加糖，加瓜、姜收起，有沉浸浓郁之妙。又一法，将黄鱼拆碎，入鸡汤作羹，微用甜酱水、纤粉收起之，亦佳。大抵黄鱼亦系浓厚之物，不可以清治之也。

〔注释〕

①郁：通“燠”。本是腌藏食品的一种方法，将肉类在油中熬熟，拌以盐、酒和佐料，油渍在瓮中，以备取食。这里指腌渍。

〔译文〕

黄鱼切成小块，用酱、酒腌渍一个时辰，沥干水分，在锅中爆炒到两面金黄，加金华豆豉一茶杯，甜酒酿一碗，酱油一小杯，一同煮。煮到汤卤变干发红，加入糖、酱瓜、酱姜收汁起锅，滋味浸润浓郁，很好吃。还有一种做法：将黄鱼拆碎，放入鸡汤作汤，加少许甜酱水、芡粉增稠盛起，也很好。大概黄鱼属于浓重厚味的食材，不能用清淡的方法烹制。

班　鱼[①]

班鱼最嫩，剥皮去秽，分肝、肉二种，以鸡汤煨之，下酒三分、水二分、秋油一分；起锅时，加姜汁一大碗、葱数茎，杀去腥气。

〔注释〕

①班鱼：也被写为“斑鱼”，或叫作黑鱼，肉质细腻鲜美，营养价值高。

〔译文〕

班鱼肉最细嫩，吃时剥皮去掉内脏，留下肝、肉，用鸡汤小火慢煮，加酒三分，水两分，酱油一分；起锅时，加姜汁一大碗，几根葱，可以去掉腥味。

假　蟹

煮黄鱼二条，取肉去骨，加生盐蛋四个，调碎，不拌入鱼肉；起油锅炮，下鸡汤滚，将盐蛋搅匀，加香蕈、葱、姜汁、酒。吃时酌用醋。

〔译文〕

黄鱼两条煮熟，去骨留肉，取生的咸蛋四个，打散，鱼肉不拌在咸蛋液里；起油锅爆炒鱼肉，然后放入鸡汤烧滚，然后将咸蛋液搅匀加入锅中，加上香菇、葱、姜汁、酒等。吃时可酌量以醋调味。

特牲单

〔**题解**〕

今天的考古发掘证实,早在新石器时代早中期,野猪就开始被华夏先民驯化,汉字的“家”就是屋檐下一只猪(豕),说明猪肉很早就成为中国人最主要的肉食来源。但正因为驯养早,获取方便,所以猪肉长时间不被人重视。《国语·楚语下》就记载:“天子食太牢,牛、羊、豕三牲俱全,诸侯食牛,卿食羊,大夫食豕,士食鱼炙,庶人食菜。”对不同的阶层吃的食品有所规定,其中猪肉是列于牛、羊之后的。但之后随着时代的发展,到了清朝,猪肉已经成为汉族主要的肉食,所以这里袁枚所列猪肉的菜单,远远多于之前的海鲜和江鲜的菜单,而且猪身上的猪头、猪爪、猪筋、猪肚、猪肺、猪腰、猪里肉等各部分分类很细,做法有煮、煨、红烧、干蒸等。

猪用最多,可称“广大教主”①。宜古人有特豚馈食之礼②,作《特牲单》。

〔**注释**〕

①广大教主:指用猪肉为原料的菜比较多,成为各种食材的首领。

②特豚(tún):古代祭祀时用整牛或整猪,称特牲。特豚指整猪。

〔译文〕

猪肉在做菜的时候用途最广,所以可以称得上是各种食材的首领。因古人有用整猪作为礼物相互赠送的礼仪,作《特牲单》。

猪头二法

洗净五斤重者,用甜酒三斤;七八斤者,用甜酒五斤。先将猪头下锅同酒煮,下葱三十根、八角三钱,煮二百余滚;下秋油一大杯、糖一两,候熟后尝咸淡,再将秋油加减;添开水要漫过猪头一寸,上压重物,大火烧一炷香;退出大火,用文火细煨,收干以腻为度;烂后即开锅盖,迟则走油[①]。一法打木桶一个,中用铜帘隔开,将猪头洗净,加作料闷入桶中[②],用文火隔汤蒸之,猪头熟烂,而其腻垢悉从桶外流出,亦妙。

〔注释〕

①走油:含油物渗出油脂,这里指肉质中所含的脂肪美味流失。
②闷:同“焖”,一种烹调法,盖紧锅盖,用微火把食物煮熟。

〔译文〕

猪头洗净,五斤重的,用甜酒三斤;七八斤重的,用甜酒五斤。先把猪头下锅和酒一起煮,加葱三十根、八角三钱,煮滚二百多次;放酱油一大杯,糖一两,煮熟后尝尝咸淡,再适当用酱油调味;添开水要没过猪头一寸,上面压上重物,用大火烧约一炷香的时间,改为文火慢慢煮,煮到汁干肉腻就好了;猪头熟烂后就马上打开锅盖,迟了就走油了。还有一种做法:做一个木桶,中间用铜帘隔开,把猪头洗干净,加作料焖在桶里,用文火隔汤蒸煮,猪头熟烂后,它本身的油腻之物全从桶中流出,也很好吃。

猪蹄四法

蹄膀一只,不用爪,白水煮烂,去汤;好酒一斤,清酱酒杯半,陈皮一钱[①],红枣四五个,煨烂。起锅时,用葱、椒、酒泼入,去陈皮、红枣,此一法也。又一法:先用虾米煎汤代水,加酒、秋油煨之。又一法:用蹄膀一只,先煮熟,用素油灼皱其皮,再加作料红煨[②]。有土人好先掇食其皮[③],号称“揭单被”。又一法:用蹄膀一个,两钵合之,加酒、加秋油,隔水蒸之,以二枝香为度,号“神仙肉”。钱观察家制最精。

〔注释〕

①陈皮:晒干的橘皮或橙皮,中医可入药。用做烹调,可去膻辟腥。

②红煨:一种烹调方法,是指煨煮食材的汤汁加入了酱油,颜色红亮。

③土人:世代生活在当地的人。掇(duō):拾取,摘取。

〔译文〕

选用蹄膀一只，去掉爪子部分，用白水煮烂，倒掉汤汁；用上好黄酒一斤，半酒杯清酱，陈皮一钱，红枣四五个，小火慢炖至烂熟。起锅时，把葱、椒、酒泼入，挑出陈皮、红枣，这是一种做法。第二种做法：先用虾米煎汤代替水，加黄酒、酱油小火慢煮。第三种做法：用蹄膀一只，先煮熟，再用植物油将蹄膀表皮灼烧至起皱，再加佐料红煨。有些当地人喜欢先剥皮吃，称为“揭单被”。第四种做法：蹄膀一个，用两钵合装，加酒、酱油，隔水蒸煮，约烧两炷香时间最好，名为“神仙肉”。钱观察家中烹制出来的最为精美。

猪爪、猪筋

专取猪爪，剔去大骨，用鸡肉汤清煨之。筋味与爪相同，可以搭配；有好腿爪，亦可搀入。

〔译文〕

专门选取猪爪，剔去大骨，用鸡肉汤不放油小火慢炖。猪蹄筋与猪爪味道相同，可以搭配一起做菜；如果有好的腿爪也可以放进去。

猪肚二法

将肚洗净，取极厚处，去上下皮，单用中心，切骰子块[①]，滚油炮炒，加作料起锅，以极脆为佳。此北人法也。南人白水加酒，煨两枝香，以极烂为度，蘸清盐食之，亦可；或加鸡汤作料，煨烂熏切，亦佳。

〔注释〕

①骰(tóu)子：用骨头、木头等制成的立体小方块，中国传统民间娱乐用来投掷的一种赌具。

〔译文〕

将猪肚洗干净，取肉最厚的地方，切除上下皮，只用中间部分，切成骰子大小的肉块，滚油爆炒，加佐料起锅，以口感极脆为好。这是北方的做法。南方则把猪肚用白水加酒，煨煮二炷香的时间，煨到烂熟，蘸细盐吃，也可以；或者加鸡汤和调料，煨烂熏干切片，也很好。

猪肺二法

洗肺最难，以冽尽肺管血水[①]，剔去包衣为第一着。敲之仆之[②]，挂之倒之，抽管割膜，工夫最细。用酒水滚一日一夜，肺缩小如一片白芙蓉，浮于汤面，再加作料。上口如泥。汤西厓少宰宴客[③]，每碗四片，已用四肺矣。近人无此工夫，只得将肺拆碎，入鸡汤煨烂亦佳。得野鸡汤更妙，以清配清故也，用好火腿煨亦可。

〔注释〕

①洌:同“沥”,渗出。

②仆:同“扑”,敲打。

③汤西厓:汤右曾,字西厓(yá)。清康熙年间进士,官至吏部侍郎。少宰:官名,明清时期吏部侍郎的俗称。

〔译文〕

猪肺最难清洗,首先要洗清肺管里的血水,剔去包衣。敲打倒挂,抽管割膜,最需要耐心和时间。再用酒水滚煮一天一夜,肺缩小像一片白芙蓉,浮在汤面上,再加上佐料。猪肺吃起来熟烂如泥。汤西厓少宰宴客的时候,每碗四片,已用了四个猪肺。现在的人没有这样的制作技术,只能是将猪肺拆碎,放进鸡汤里煨煮烂熟也很好。如果用野鸡汤煨煮则更好,符合以清配清的做菜原则,用上好火腿煨煮也可以。

猪 腰

腰片炒枯则木,炒嫩则令人生疑,不如煨烂,蘸椒盐食之为佳。或加作料亦可。只宜手摘,不宜刀切。但须一日工夫,才得如泥耳。此物只宜独用,断不可搀入别菜中,最能夺味而惹腥。煨三刻则老,煨一日则嫩。

〔译文〕

猪腰片,炒老了就干硬得像木头,炒嫩了又让人怀疑没熟,不如把它小火炖烂，蘸椒盐吃为好。或者加上其他佐料也可以。这种吃法只适合用手撕，不适合用刀切。得煮一天，才能煮得软烂如泥。猪腰只适合单独做菜，绝不能和其他食材一起搭配，它最能夺味，而且使别的食材充满腥气。猪腰小火慢炖三刻钟会又老又硬，但煨煮一整天就又爽嫩了。

猪里肉[1]

猪里肉，精而且嫩，人多不食。尝在扬州谢蕴山太守席上[2]，食而甘之。云以里肉切片，用纤粉团成小把[3]，入虾汤中，加香蕈、紫菜清煨，一熟便起。

〔注释〕

①猪里肉：即里脊肉，猪脊骨内侧与骨平行的条状嫩肉。

②谢蕴山：原名谢启昆，清朝著名学者、方志学家，蕴山是他的号。

③纤：同“芡”，淀粉。

〔译文〕

猪里脊肉，品质好，肉细嫩，但很多人不知道怎么吃。我曾经在扬州谢蕴山太守家中吃过，味道非常好。据说是把猪里脊肉切片，用芡粉上浆团成小把，放入虾汤中，加香菇、紫菜等清煮，一熟就起锅。

白片肉

须自养之猪,宰后入锅,煮到八分熟,泡在汤中,一个时辰取起[①]。将猪身上行动之处,薄片上桌,不冷不热,以温为度。此是北人擅长之菜。南人效之,终不能佳。且零星市脯,亦难用也。寒士请客[②],宁用燕窝,不用白片肉,以非多不可故也。割法须用小快刀片之,以肥瘦相参,横斜碎杂为佳,与圣人"割不正不食"一语[③],截然相反。其猪身,肉之名目甚多。满洲"跳神肉"最妙[④]。

〔注释〕

①时辰:古代计时单位,把一天分为十二段,每段为一个时辰,是现在的两个小时。

②寒士:指出身低微的读书人。

③割不正不食:语出孔子《论语·乡党》,指肉切割得不正确不吃。

④跳神肉:跳神是一种祭神请神之舞。跳神也是满族的大礼,祭神时将猪白煮。祭礼毕,众人席地割肉而食,称跳神肉。

〔译文〕

白片肉,最好选用家养猪,宰后入锅煮到八分熟,在汤中泡两个小时捞起。将猪身上运动较多的部位切成薄片上桌,不冷不热,口感温热是最好的。这是北方人擅长的菜。南方人模仿做,总是做不太好。而且,市场上零散买来的肉也不太合用。一些出身低微的读书人请客,宁愿用燕窝,也不用白片肉,因为它的做法是需要选用数量较多的猪肉。切割也很讲究方法,需用小快刀切片,肥瘦搭配,横斜混杂是最好的,与孔子“割不正不食”说正好相反。猪身上的各部位名目繁多,做成的菜肴也很多。满洲人的“跳神肉”是最好吃的。

红煨肉三法

或用甜酱,或用秋油,或竟不用秋油、甜酱。每肉一斤,用盐三钱,纯酒煨之;亦有用水者,但须熬干水气。三种治法皆红如琥珀,不可加糖炒色。早起锅则黄,当可则红,过迟则红色变紫,而精肉转硬。常起锅盖,则油走而味都在油中矣。大抵割肉虽方,以烂到不见锋棱,上口而精肉俱化为妙。全以火候为主。谚云:“紧火粥,慢火肉。”至哉言乎!

〔**译文**〕

做红煨肉,有的用甜酱,有的用酱油,有的酱油、甜酱都不用。一斤肉,盐三钱,用纯酒煨煮;也有用水煨的,但必须熬干水分。三种做法,其做出来的肉色都红如琥珀,但不可用糖来炒色。起锅早了肉色是黄色,恰到好处的时候肉就是红色。起锅晚了,肉色会由红变紫,瘦肉也会变硬。煨肉时,经常提起锅盖看,肉就会走油,味道就会融到油汁中。一般把肉切成方块,煨到软烂不见棱角,上口时瘦肉也软烂融化就是最好的。此道菜的功夫全在火候的控制掌握上。俗话说："紧火粥，慢火肉。"实在是至理名言。

白煨肉

每肉一斤，用白水煮八分好，起出去汤；用酒半斤，盐二钱半，煨一个时辰。用原汤一半加入，滚干汤腻为度，再加葱、椒、木耳、韭菜之类。火先武后文。又一法：每肉一斤，用糖一钱，酒半斤，水一斤，清酱半茶杯；先放酒，滚肉一二十次，加茴香一钱，加水闷烂，亦佳。

〔译文〕

做白煨肉，一般是每一斤肉，用白水煮八分熟起锅，把汤倒出去另放；然后用半斤酒，二钱半盐，煨煮两个小时左右。再把之前另存的原汤加入一半，烧煮到汤干肉腻为止，加入葱、椒、木耳、韭菜之类，先旺火后慢火炒制即成。另有一法：一斤肉，加一钱糖，半斤酒，一斤水，半茶杯清酱；将肉先放酒里滚煮一二十次，加一钱茴香，再加水焖烂，也很不错。

油灼肉

用硬短勒切方块[①]，去筋襻[②]，酒酱郁过，入滚油中炮炙之[③]，使肥者不腻，精者肉松。将起锅时，加葱、蒜，微加醋喷之。

〔注释〕

①硬短勒:即五花肉,猪身上位于肋条骨下的板状肉。

②筋襻(pàn):瘦肉或骨头上的筋膜。

③炮炙:原指把中药材放在火上焙烤,这里指把肉放在滚油中煎炸。

〔译文〕

把五花肉切成方块,除去筋膜,用酒、酱密封腌浸后放进滚油中煎炸,让肥肉不腻,瘦肉酥松。要起锅时,加葱、蒜,并喷一点醋。

干锅蒸肉

用小磁钵,将肉切方块,加甜酒、秋油,装大钵内封口,放锅内,下用文火干蒸之。以两枝香为度,不用水。秋油与酒之多寡,相肉而行,以盖满肉面为度。

〔译文〕

把肉切成方块,放在小瓷钵里,加上甜酒酿和酱油,再装进大钵内封口,放进锅里,用文火干蒸。大概两炷香的时间,不用加水。肉中所放酱油和酒的量,根据肉的多少确定,一般是淹过肉面就行。

盖碗装肉

放手炉上。法与前同。

〔译文〕

放在手炉上干蒸。做法与前面干锅蒸肉一样。

磁坛装肉

放砻糠中慢煨[①]。法与前同。总须封口。

〔注释〕

①砻(lóng)糠:稻谷经过砻磨脱下的壳。砻,稻壳脱皮用的农具。

〔译文〕

用稻壳作燃料,放瓷坛中慢火煨熟。具体做法与前两种相同。总的要义是坛口要封实。

脱沙肉

去皮切碎,每一斤用鸡子三个[①],青黄俱用,调和拌肉;再斩碎,入秋油半酒杯,葱末拌匀,用网油一张裹之[②];外再用菜油四两,煎两面,起出去油;用好酒一茶杯，清酱半酒杯，闷透，提起切片；肉之面上，加韭菜、香蕈、笋丁。

〔注释〕

①鸡子：即鸡蛋。

②网油：猪的肠系膜、大网膜上堆积的呈网状的油脂。

〔译文〕

把肉去皮切碎，一斤肉用三个鸡蛋，蛋白、蛋黄一起调匀拌肉；然后再继续剁碎，加入半酒杯酱油，放葱末拌匀，用一张猪网油把肉包好；另用四两菜油加热，把肉团放锅里两面煎好，起锅去油；再用一茶杯好酒，半酒杯清酱，倒进锅里把肉焖透，然后把肉拿出来切成片，在肉上面撒上韭菜、香菇、笋丁。

晒干肉

切薄片精肉，晒烈日中，以干为度。用陈大头菜，夹片干炒。

〔译文〕

把精瘦肉切成薄片，在烈日下暴晒，直到晒干为止。吃时用陈年的大头菜，夹着肉片干炒。

火腿煨肉

火腿切方块，冷水滚三次，去汤沥干；将肉切方块，冷水滚二次，去汤沥干；放清水煨，加酒四两、葱、椒、笋、香蕈。

〔译文〕

把火腿切成方块，先放冷水煮滚三次，捞起沥干水分；把肉也切成方块，也放冷水煮滚二次，捞起沥干水分；然后把两种肉放在一起加清水煨煮，加四两酒，另加葱、椒、笋、香菇。

台鲞煨肉①

法与火腿煨肉同。鲞易烂，须先煨肉至八分，再加鲞。凉之则号"鲞冻"。绍兴人菜也。鲞不佳者，不必用。

〔注释〕

①台鲞（xiǎng）：特指浙江台州出产的各类鱼干。鲞，鱼干，腌鱼。

〔译文〕

这道菜与火腿煨肉的做法相同。台鲞易烂，所以必须先将猪肉煨煮到八分熟，再加入台鲞。做好后放凉，叫作"鲞冻"。

这是绍兴菜。如果鲞不新鲜,就不要用。

粉蒸肉

用精肥参半之肉,炒米粉黄色,拌面酱蒸之,下用白菜作垫。熟时不但肉美,菜亦美。以不见水,故味独全。江西人菜也。

〔译文〕

选择肥瘦相间的猪肉,把米粉炒成黄色,拌上面酱一起蒸,肉下面垫上白菜。蒸熟后,不但肉味鲜美,菜的味道也很好。由于没有加水,所以味道独特丰富。这是江西菜。

熏煨肉

先用秋油、酒将肉煨好,带汁上木屑,略熏之,不可太久,使干湿参半,香嫩异常。吴小谷广文家①,制之精极。

〔注释〕

①广文:明清时称教官为广文。

〔译文〕

先用酱油、酒将肉小火慢炖,后带汁在以木屑为燃料的火上微熏一会儿，时间不能太长，让肉半干半湿，香嫩异常。吴小谷教官家中所做的这道菜，十分精致美味。

芙蓉肉

精肉一斤，切片，清酱拖过，风干一个时辰。用大虾肉四十个，猪油二两，切骰子大，将虾肉放在猪肉上。一只虾，一块肉，敲扁，将滚水煮熟撩起。熬菜油半斤，将肉片放在眼铜勺内[①]，将滚油灌熟[②]。再用秋油半酒杯，酒一杯，鸡汤一茶杯，熬滚，浇肉片上，加蒸粉、葱、椒糁上起锅[③]。

〔注释〕

①眼铜勺：带眼儿的铜勺，也就是铜漏勺。

②灌熟：用热油反复浇在食物上，使食物变熟。

③糁（sǎn）：散落，撒上。

〔译文〕

瘦肉一斤切片，在清酱中腌蘸一下，风干约两个小时。四十只大虾肉，二两猪油，把虾肉切成骰子块大小，放在猪肉片上。一块肉放一只虾，敲扁，放在开水里煮熟捞起。熬半斤菜油，把肉片放在铜漏勺中，用热油反复浇直到肉熟。再用半酒杯酱油，一杯酒，一茶杯鸡汤，烧滚，浇淋在肉片上，再撒上蒸粉、葱、椒起锅。

荔枝肉

用肉切大骨牌片①，放白水煮二三十滚，撩起；熬菜油半斤，将肉放入炮透，撩起，用冷水一激，肉皱，撩起；放入锅内，用酒半斤，清酱一小杯，水半斤，煮烂。

〔注释〕

①骨牌：牌类娱乐用具，亦用作赌具。每副三十二张，用骨头、象牙、竹子或乌木制成，上面刻着以不同方式排列的从两个到十二个点子。也称“牙牌”。

〔译文〕

把肉切成大骨牌大小的片，放入白水中煮滚二三十次，捞出来；熬半斤菜油，把肉放到油锅里炸透，捞起来迅速放到冷水中，肉会起皱如荔枝皮，再捞起来；最后，放入锅里，用半斤酒，一小杯清酱，半斤水煮烂。

八宝肉

用肉一斤，精、肥各半，白煮一二十滚，切柳叶片。小淡菜二两，鹰爪二两①，香蕈一两，花海蜇二两②，胡桃肉四个去皮，笋片四两，好火腿二两，麻油一两。将肉入锅，秋油、酒煨至五分熟，再加余物，海蜇下在最后。

〔注释〕

①鹰爪:即嫩茶,因其状如鹰爪,故称。

②花海蜇(zhé):即海蜇头。

〔译文〕

肥瘦相间的猪肉一斤,先用白水煮滚一二十次,捞出切成柳叶片状。准备小淡菜二两,鹰爪嫩茶叶二两,香菇一两,海蜇头二两,去皮核桃仁四个,笋片四两,好火腿二两,麻油一两。把切好的肉放入锅中,用酱油、酒小火慢炖至五分熟,再加入上面的配料,最后放入海蜇头。

菜花头煨肉

用台心菜嫩蕊,微腌,晒干用之。

〔译文〕

用台心菜嫩蕊,稍微加点盐腌一下,晒干后可以用来煨肉。

炒肉丝

切细丝,去筋襻、皮、骨,用清酱、酒郁片时,用菜油熬起,白烟变青烟后,下肉炒匀,不停手,加蒸粉,醋一滴,糖一撮,葱白、韭蒜之类;只炒半斤,大火,不用水。又一法:用油炮后,用酱水加酒略煨,起锅红色,加韭菜尤香。

〔译文〕

把肉切成细丝，去掉筋膜、皮、骨，用清酱、酒腌浸片刻，锅中放菜油熬，菜油由白烟变成青烟后，把肉放进锅中爆炒，随即加入蒸粉、一滴醋、一撮糖，还有葱白、韭蒜等；炒肉的量控制在半斤内，用旺火，不加水。还有一种做法是：用油爆炒后，加酱、酒稍微煨煮一下，肉呈红色时起锅，加韭菜味道特别香。

炒肉片

将肉精、肥各半，切成薄片，清酱拌之。入锅油炒，闻响即加酱、水、葱、瓜、冬笋、韭芽，起锅火要猛烈。

〔译文〕

将肥瘦相间的猪肉切成薄片，用清酱拌一下。入锅爆炒，听到劈啪声响时立即加入酱、水、葱、瓜、冬笋、韭菜等。起锅时要用大火。

八宝肉圆

猪肉精、肥各半，斩成细酱。用松仁、香蕈、笋尖、荸荠、瓜、姜之类，斩成细酱，加纤粉和捏成团，放入盘中，加甜酒、秋油蒸之。入口松脆。家致华云：“肉圆宜切，不宜斩。”必别有所见。

〔译文〕

猪肉肥瘦各半，剁成肉酱。把松仁、香菇、笋尖、荸荠、瓜、姜等也切碎，用芡粉把肉和这些配料和捏成团，放入盘中，加甜酒酿、酱油入锅蒸。吃时入口松脆。家致华说：“做肉圆时，应该用刀切，不应该用刀斩。”一定有他的道理。

空心肉圆

将肉捶碎郁过，用冻猪油一小团作馅子，放在团内蒸之，则油流去，而团子空心矣。此法镇江人最善。

〔译文〕

把肉捶成肉酱，加调料稍腌，用一小团冻猪油做馅，放在肉团里包上，上锅蒸，猪油遇热融化流走，肉团里就是空心了。镇江人最擅长这种做法。

锅烧肉

煮熟不去皮，放麻油灼过，切块加盐，或蘸清酱，亦可。

〔译文〕

猪肉煮熟不去皮，放到滚热的麻油锅中灼烧一下，然后切块加盐食用,或者蘸清酱吃也可以。

酱肉

先微腌,用面酱酱之,或单用秋油拌郁,风干。

〔译文〕

先把肉稍微腌一下,再用面酱涂抹,或者只用酱油腌浸,然后风干,就可以吃了。

糟肉

先微腌,再加米糟。

〔译文〕

先将肉稍微腌一下,再加米糟腌。

暴腌肉

微盐擦揉,三日内即用。以上三味,皆冬月菜也。春夏不宜。

〔译文〕

用少量盐在肉中揉擦,腌上三天,就可以吃了。以上酱肉、腌肉、糟肉三味,都是冬天吃的菜,不适合春夏两季吃。

尹文端公家风肉

杀猪一口,斩成八块,每块炒盐四钱,细细揉擦,使之无微不到,然后高挂有风无日处。偶有虫蚀,以香油涂之。夏日取用,先放水中泡一宵,再煮,水亦不可太多太少,以盖肉面为度。削片时,用快刀横切,不可顺肉丝而斩也。此物惟尹府至精,常以进贡。今徐州风肉不及,亦不知何故。

〔译文〕

杀一头猪,砍成八块,每块用炒过的盐四钱,在肉上细细地揉擦,所有的地方都用盐擦遍,然后挂在通风背阴的地方。偶然有虫子蛀蚀,就用香油涂抹。夏天取用时,先放入水中浸泡一夜再煮,加适量水,以盖过肉面为好。切肉片时,用快刀横切,不能顺着肉丝纹路切斩。这种食物以尹继善家制作得最好,常常用作贡品进贡。现在徐州产的风肉也不如尹家的好,不知道为什么。

家乡肉

杭州家乡肉,好丑不同,有上、中、下三等。大概淡而能鲜,精肉可横咬者为上品,放久即是好火腿。

〔译文〕

杭州的家乡肉,好坏各有不同,分为上、中、下三等。大体上吃的时候不咸且很鲜,瘦肉可以横着咬的为上品,时间放长之后就成为优质的火腿。

笋煨火肉[①]

冬笋切方块,火肉切方块,同煨。火腿撤去盐水两遍,再入冰糖煨烂。席武山别驾云[②]:凡火肉煮好后,若留作次日吃者,须留原汤,待次日将火肉投入汤中滚热才好。若干放离汤,则风燥而肉枯;用白水,则又味淡。

〔注释〕

①火肉:火腿肉。

②别驾:官职名,原是汉代州刺史的佐吏,清代为州判、州司马的别称。

〔译文〕

冬笋和火腿切方块,放到一起小火慢炖。火腿要洗两遍去掉盐水,再加入冰糖继续煨烂。席武山别驾说:"火腿肉煮好后,如果想留到第二天吃,就必须保留原汤。第二天吃前,要将火腿肉放入原汤中烧滚才行。如果干放没有了原汤,那么肉就会变得枯干;若用白水再加热,味道就会变淡了。"

烧小猪

小猪一个，六七斤重者，钳毛去秽[1]，叉上炭火炙之。要四面齐到，以深黄色为度。皮上慢慢以奶酥油涂之，屡涂屡炙。食时酥为上，脆次之，硬斯下矣。旗人有单用酒[2]、秋油蒸者，亦惟吾家龙文弟，颇得其法。

〔注释〕

①钳（qián）：夹，夹取。

②旗人：清代以旗帜的名色作为区别的兵民一体的组织，被编入八旗族籍的人称为旗人，后来一般作为对满族人的泛称。

〔译文〕

一只六七斤重的小猪，夹去猪毛，清去内脏，叉在炭火上烤。要四面都烤，烤到深黄色就好了。烤的时候，要用奶酥油涂抹猪皮，一边涂一边烤。吃的时候，猪皮酥化的是上品，脆的是中品，硬的就是下品了。满族人有用酒、酱油来蒸的，也只有我家龙文弟做得最好。

烧猪肉

凡烧猪肉，须耐性。先炙里面肉，使油膏走入皮内，则皮松脆而味不走。若先炙皮，则肉上之油尽落火上，皮既焦硬，味亦不佳。烧小猪亦然。

〔译文〕

烧烤猪肉，必须有耐心。先小火烤里面的肉，使油膏浸入到皮肉中，使肉皮酥松不走味儿。如果先烤皮，就会烤出肉里的油脂，油脂落在火上催生了火势，就会使肉皮焦硬，味道也不好。烤小猪也是一样。

排　骨

取勒条排骨精肥各半者，抽去当中直骨，以葱代之，炙用醋、酱，频频刷上，不可太枯。

〔译文〕

选取肥瘦相间的肋条排骨，抽去中间的直骨，用葱代替，烤时不断地将醋、酱刷在排骨上，排骨不能烤得太焦枯。

罗蓑肉

以作鸡松法作之。存盖面之皮，将皮下精肉斩成碎团，加作料烹熟。聂厨能之。

〔译文〕

按照做鸡松的方法做罗蓑肉。留着表面的肉皮，将皮下的瘦肉剁成碎团，加上佐料烹熟。有位姓聂的厨师能做这道菜。

端州三种肉[1]

一罗蓑肉。一锅烧白肉，不加作料，以芝麻、盐拌之。切片煨好，以清酱拌之。三种俱宜于家常。端州聂、李二厨所作。特令杨二学之[2]。

〔注释〕

①端州：今广东肇庆。

②杨二：袁枚家的厨师。

〔译文〕

一种是罗蓑肉。另一种是锅烧白肉，不加任何佐料，白水煮熟后用芝麻、盐拌着吃。第三种做法是把肉切片煨好，用清酱拌着吃。这三种菜都适合作家常菜。端州聂、李二位厨师所烹制的比较好。我特地派杨二去学习。

杨公圆

杨明府作肉圆[1]，大如茶杯，细腻绝伦。汤尤鲜洁，入口如酥。大概去筋去节，斩之极细，肥瘦各半，用纤合匀。

〔注释〕

①明府:汉魏以来对郡守、牧尹的尊称,唐以后多用以专称县令。

〔译文〕

杨明府家做的肉丸,像茶杯那么大,细腻无比。肉圆的汤特别鲜美,肉圆入口即化。大概做法是把肉去筋去节,肉剁成细泥,肥瘦各一半,再用芡粉调合均匀。

黄芽菜煨火腿

用好火腿,削下外皮,去油存肉。先用鸡汤,将皮煨酥,再将肉煨酥;放黄芽菜心,连根切段,约二寸许长;加蜜、酒酿及水,连煨半日。上口甘鲜,肉菜俱化,而菜根及菜心,丝毫不散。汤亦美极。朝天宫道士法也。

〔译文〕

选用优质火腿,削去外皮,去掉肥油,保留精瘦肉。先用鸡汤将削去的外皮煨至酥烂,再放入火腿肉同样煨至酥烂;然后放入黄芽菜心,菜心要连根茎切成约二寸长的段;加蜜、酒酿和水,煨上半日。吃起来口感鲜甜,肉菜俱化,而菜根和菜心却丝毫不散。肉汤也十分鲜美。这是朝天宫道士的做法。

蜜火腿

取好火腿,连皮切大方块,用蜜酒煨极烂,最佳。但火腿好丑、高低,判若天渊。虽出金华、兰溪、义乌三处,而有名无实者多。其不佳者,反不如腌肉矣。惟杭州忠清里王三房家[1],四钱一斤者佳。余在尹文端公苏州公馆吃过一次,其香隔户便至,甘鲜异常。此后不能再遇此尤物矣[2]。

〔注释〕

①杭州忠清里:原名升平巷,是唐代政治家、书法家褚遂良的故乡。明代正德年间,浙江监察御史唐风仪在此建忠清里坊,并将升平巷改名为忠清里。

②尤物:珍奇之物。

〔译文〕

选取优质火腿,连皮切成大方块,用蜜酒煨至熟烂最好。但火腿好坏、优劣有天壤之别。虽然都是出自金华、兰溪、义乌这三个盛产火腿的地方,但大多有名无实。那些不好的火腿,都不如腌肉。只有杭州忠清里王三房家,卖四钱一斤的火腿最好。我在尹继善的苏州公馆吃过一次,火腿的香味隔着门就能闻到,特别鲜美。此后再也没有遇到那样的珍品了。

杂牲单

〔题解〕

《特牲单》曾经提过《国语·楚语下》记载，普通人是不允许吃牛肉的，这是因为牛很早就被视作农业生产的助手，耕田犁地，拉载重物，所以吃牛肉就被认为是不良之行，甚至在有些时代还被认为是违法的。牛肉很少，羊肉便成为贵族主要的食材；直到清代满族入关，满族是吃猪肉的，所以猪肉渐渐成为人们肉食的主要原材料而流行。鹿一直都没有被驯化，鹿肉很难获得，所以鹿肉一直都是珍贵的食材。杂牲单主要记录了以牛、羊、鹿为食材的菜单。尽管做法不多，但都具有代表性。

牛、羊、鹿三牲，非南人家常时有之之物。然制法不可不知，作《杂牲单》。

〔译文〕

牛、羊、鹿三种牲畜的肉，并不是南方人家中常有的食材。但不能不知道它们的做法，所以写《杂牲单》。

牛　肉

买牛肉法，先下各铺定钱[①]，凑取腿筋夹肉处[②]，不精不肥。然后带回家中，剔去皮膜，用三分酒、二分水清煨，极烂；再加秋油收汤。此太牢独味孤行者也[③]，不可加别物配搭。

〔注释〕

①定钱：购买或租赁时预付的保证金。

②凑取：选取。

③太牢：古代祭祀，牛、羊、豕三牲具备，称为"太牢"。也专指牛为太牢，羊为少牢。

〔译文〕

买牛肉的方法，是先到肉店铺付定金，然后选取腿筋夹肉处，此处不肥不瘦。拿回家中，剔去皮膜，用三分酒、二分水清煨到熟烂；再加酱油收汁。牛肉味道独特，只适合单独做菜，不能与别的食材搭配。

牛　舌

牛舌最佳，去皮、撕膜、切片，入肉中同煨。亦有冬腌风干者，隔年食之，极似好火腿。

〔译文〕

牛舌是很好的食材，将牛舌剥皮去膜，切成片，放入牛肉锅中一同小火慢炖。也有在冬天腌制风干来年再吃的，味道就像优质的火腿。

羊 头

羊头毛要去净，如去不净，用火烧之。洗净切开，煮烂去骨。其口内老皮，俱要去净。将眼睛切成二块，去黑皮，眼珠不用，切成碎丁。取老肥母鸡汤煮之，加香蕈、笋丁，甜酒四两，秋油一杯。如吃辣，用小胡椒十二颗、葱花十二段。如吃酸，用好米醋一杯。

〔译文〕

羊头上的毛要去干净，如果去不干净，可以用火灼烧干净。洗净切开，煮烂去骨。羊嘴里的老皮，要撕去洗干净。把眼睛切成两块，去掉黑皮，不要眼珠，再切成碎丁。选用老肥母鸡汤煮，加上香菇、笋丁，四两甜酒，一杯酱油。如果吃辣的，就放入十二颗小胡椒，十二段葱花。如果吃酸的，再加上一杯好米醋。

羊 蹄

煨羊蹄，照煨猪蹄法，分红、白二色。大抵用清酱者红,用盐者白。山药配之宜。

〔译文〕

煨煮羊蹄,可参照煨煮猪蹄的方法。做成的羊蹄分为红、白二色。一般用清酱煨是红色,用盐煨是白色。适合加些山药做配菜一起煨煮。

羊　羹

取熟羊肉斩小块,如骰子大。鸡汤煨,加笋丁、香蕈丁、山药丁同煨。

〔译文〕

把熟羊肉切成骰子大小的块儿。用鸡汤,加上笋丁、香菇丁、山药丁等配菜一起煨。

羊肚羹

将羊肚洗净,煮烂切丝,用本汤煨之,加胡椒、醋俱可。北人炒法,南人不能如其脆。钱玙沙方伯家[1],锅烧羊肉极佳,将求其法。

〔注释〕

①方伯:地方官,即布政使。殷周时代为一方诸侯之长,后泛称地方

长官。

〔译文〕

将羊肚洗干净，煮烂后切丝，用原汤继续煨煮，加胡椒、醋都行。这是北方人的做法，南方人不如北方人做得爽脆。钱玛沙长官家的锅烧羊肉味道非常好，我要向他请教做法。

红煨羊肉

与红煨猪肉同。加刺眼核桃，放入去膻，亦古法也。

〔译文〕

和红煨猪肉的方法一样。另外，将核桃打孔，放入肉中去膻，这也是古人的方法。

炒羊肉丝

与炒猪肉丝同。可以用纤，愈细愈佳，葱丝拌之。

〔译文〕

和炒猪肉丝的方法一样。可以用芡粉勾芡，羊肉丝切得越细越好，用葱丝拌。

烧羊肉

羊肉切大块，重五七斤者，铁叉火上烧之。味果甘脆，宜惹宋仁宗夜半之思也①。

〔注释〕

①宋仁宗夜半之思：《宋史·仁宗本纪》载："宫中夜饥，思膳烧羊。"北宋皇帝宋仁宗赵祯，晚上饿了，非常想吃烤羊肉。

〔译文〕

把羊肉切成五到七斤重的大肉块，用铁叉在火上烧烤。味道的确甘美酥脆，使人想吃，就像当年的宋仁宗那样。

全　羊

全羊法有七十二种，可吃者不过十八九种而已。此屠龙之技①，家厨难学。一盘一碗，虽全是羊肉，而味各不同才好。

〔注释〕

①屠龙之技：语出《庄子·列御寇》，指杀龙的技术，后常指技术高超，但不实用。

〔译文〕

全羊的做法多达七十二种，但好吃的做法也不过十八九种而已。做全羊是高超的技艺，一般家厨很难学到。做得好的标志是：虽然一盘一碗全是羊肉，但是味道又各有不同。

鹿　肉

鹿肉不可轻得。得而制之，其嫩鲜在獐肉之上[①]。烧食可，煨食亦可。

〔注释〕

①獐：哺乳动物，样子像鹿，比鹿小，没有角。

〔译文〕

鹿肉很难得到。如果能获得鹿肉做菜的话，它比獐子的肉鲜嫩。可以烤着吃，也可以小火慢炖着吃。

鹿筋二法

鹿筋难烂。须三日前，先捶煮之，绞出臊水数遍，加肉汁汤煨之，再用鸡汁汤煨；加秋油、酒，微纤收汤；不搀他物，便成白色，用盘盛之。如兼用火腿、冬笋、香蕈同煨，便成红色，不收汤，以碗盛之。白色者，加花椒细末。

〔译文〕

鹿筋很难煮烂。必须在吃前提前三天把鹿筋捶打后先煮，煮软滤出腥臊的汤水倒掉，反复几遍，然后加肉汤煨，再加鸡汤煨；煨好加酱油、酒稍稍勾芡收汤；不掺其他配料，煮成的鹿筋是白色的，用盘盛上。如果加火腿、冬笋、香菇等一起煨煮的，就会变成红色，不收汤，用碗盛上。煨成白色的鹿筋还可加点花椒末。

獐　肉

制獐肉，与制牛、鹿同，可以作脯。不如鹿肉之活，而细腻过之。

〔译文〕

做獐肉，和做牛肉、鹿肉一样，可以制作成干肉。獐肉不如鹿肉鲜嫩，但比鹿肉细腻。

果子狸①

果子狸，鲜者难得。其腌干者，用蜜酒酿，蒸熟，快刀切片上桌。先用米泔水泡一日，去尽盐秽。较火腿觉嫩而肥。

〔注释〕

①果子狸：属灵猫科，善于爬树，爱吃水果。

〔译文〕

新鲜的果子狸肉很难得到。腌干的果子狸,可以用蜜酒酿蒸熟,用快刀切成片上桌。腌干的果子狸处理的方法是:先用淘米水浸泡一天,泡去盐分和脏污的东西。这样泡完再蒸,比火腿更加肥嫩。

假牛乳

用鸡蛋清拌蜜酒酿,打掇入化[①],上锅蒸之。以嫩腻为主,火候迟便老,蛋清太多亦老。

〔注释〕

①掇:通"缀",连结。

〔译文〕

用鸡蛋清拌上甜酒酿,将二者搅打直到完全融合,放锅中蒸。这道菜最大的特点是嫩腻,火候很重要,起锅稍微迟些就会蒸老,蛋清太多也会蒸老。

鹿　尾

尹文端公品味,以鹿尾为第一。然南方人不能常得。从北京来者,又苦不鲜新。余尝得极大者,用菜叶包而蒸之，味果不同。其最佳处，在尾上一道浆耳①。

〔注释〕

①一道浆：指鹿尾上端皮下脂肪浓厚的部分。

〔译文〕

尹文端公（尹继善）品尝美味，把鹿尾列第一位。但是鹿尾对南方人来说很难得到。从北京带来的鹿尾，又苦于不那么新鲜。我曾经得到一条很大的鹿尾，用菜叶包好上锅蒸，味道果然不同凡响。它尾巴上的脂肪部分蒸成了浓汁，是最好吃的地方。

羽族单

〔题解〕

羽族单，顾名思义，这一部分记录的是长羽毛的禽类和鸟类的食材菜单。我国是世界上最早驯养鸡的国家，养鸡差不多也有8000年的历史了，所以中国人吃鸡的历史也是源远流长的。在羽族单这里，袁枚共记录了41道菜，其中介绍鸡肉的烹调方法就占了26道。鸡身上不仅仅鸡肉可吃，在袁枚的时代也已经开发了鸡身上各个部分的食用菜谱，如鸡肝、鸡血、鸡肾等。鸡肉不仅做菜肴，袁枚还记录了鸡肉的药用价值，比如本单介绍了用鸡肉和黄芪治肺结核病等的药膳，足见鸡肉的用途广泛。除鸡肉外，还介绍了鸽子肉、鸭肉、麻雀、鹌鹑、黄雀、鹅等羽禽类的食材菜谱，也都各具特色。

鸡功最巨，诸菜赖之。如善人积阴德而人不知。故令领羽族之首，而以他禽附之。作《羽族单》。

〔译文〕

在羽族类的食材中，鸡肉的功劳最大，许多菜肴的制作都离不开它。这就像好人做好事是在积阴德,可是大家却不知道。所以我把鸡放在羽族类的第一位,而把其他禽类附着列在后面。因此作《羽族单》。

白片鸡

肥鸡白片,自是太羹、玄酒之味①。尤宜于下乡村、入旅店,烹饪不及之时,最为省便。煮时水不可多。

〔注释〕

①太羹:大羹,不调和五味的肉汁。玄酒:古代祭礼中当酒用的清水,后指淡薄的酒。

〔译文〕

肥鸡肉片,本来就像古时的太羹、玄酒一样贵在本味。尤其适合在农村乡下,在旅店住宿来不及做菜的时候,白鸡片最为省事方便。注意煮时不能放太多水。

鸡　松

肥鸡一只,用两腿,去筋骨剁碎,不可伤皮。用鸡蛋清、粉纤、松子肉,同剁成块。如腿不敷用,添脯子肉①,切成方块,用香油灼黄,起放钵头内,加百花酒半斤②、秋油一大杯、鸡油一铁勺,加冬笋、香蕈、姜、葱等。将所余鸡骨皮盖面，加水一大碗，下蒸笼蒸透，临吃去之。

〔注释〕

①脯子肉：鸡胸肉。

②百花酒：黄酒类，是镇江特产，用糯米、细麦曲和多种野花酿制而成。

〔译文〕

肥鸡一只，只用两只鸡腿，去掉筋骨后将肉剁碎，保留完整鸡皮。将剁碎的鸡腿肉加鸡蛋清、芡粉、松子仁一起拌匀切块。如果鸡腿肉不够用，可以添一些鸡胸肉，也是切成块。用香油炸黄起锅，放在碗里，加半斤百花酒、一大杯酱油、一铁勺鸡油，再加入冬笋、香菇、姜、葱等拌匀。将剩下的鸡骨鸡皮盖在上面，加一大碗水，放在蒸笼里蒸透，吃的时候把鸡骨鸡皮去掉。

生炮鸡

小雏鸡斩小方块，秋油、酒拌，临吃时拿起，放滚油内灼之，起锅又灼，连灼三回，盛起，用醋、酒、粉纤、葱花喷之。

〔译文〕

将小鸡剁成小方块，用酱油、酒腌拌上，要吃的时候，把鸡块放进滚油锅内炸一下，起锅再炸，连续三次起锅，将醋、酒、芡粉、葱花喷洒在上面。

鸡 粥

肥母鸡一只,用刀将两脯肉去皮细刮,或用刨刀亦可;只可刮刨,不可斩,斩之便不腻矣。再用余鸡熬汤下之。吃时加细米粉、火腿屑、松子肉,共敲碎放汤内。起锅时放葱、姜,浇鸡油,或去渣,或存渣,俱可。宜于老人。大概斩碎者去渣,刮刨者不去渣。

〔译文〕

肥母鸡一只,用刀将两侧的鸡胸肉去皮细刮成泥,或者用刨刀;但只能刮、刨,不可以用刀剁,剁的肉泥就不够细腻。再用剩余的鸡肉熬汤。吃时加入细米粉、火腿屑、松子肉,将这几样拍碎后放到汤里。起锅时放上葱、姜,浇上鸡油,去渣存渣都行。鸡粥适合给老人吃。一般鸡胸肉是剁碎的就要去渣,鸡胸肉是刮刨的就可以不用去渣。

焦 鸡

肥母鸡洗净,整下锅煮。用猪油四两、茴香四个,煮成八分熟,再拿香油灼黄,还下原汤熬浓,用秋油、酒、整葱收起。临上片碎,并将原卤浇之,或拌蘸亦可。此杨中丞家法也[①]。方辅兄家亦好。

〔注释〕

①中丞:官职名,清时用作对巡抚的称呼。

〔译文〕

肥母鸡清洗干净,整只鸡下锅煮。放入四两猪油、四个茴香,煮到八分熟时,捞出用香油炸黄,再放回到原汤中继续熬煮到汤汁浓稠,放入酱油、酒、整葱收汤起锅。临上菜时将整鸡撕碎,并将刚才煮鸡的汤汁浇在菜上面,或者加入调料拌一拌,或者直接蘸调料吃。这是杨巡抚家的做法。方辅兄家的做法也很不错。

捶 鸡

将整鸡捶碎,秋油、酒煮之。南京高南昌太守家,制之最精。

〔译文〕

将整只鸡捶碎,用酱油、酒煨煮。南京高南昌太守家做的这道菜味道最好。

炒鸡片

用鸡脯肉去皮,斩成薄片。用豆粉、麻油、秋油拌之,纤粉调之,鸡蛋清拌。临下锅加酱、瓜、姜、葱花末。

须用极旺之火炒。一盘不过四两，火气才透。

〔译文〕

鸡脯肉去皮，切成薄片。用豆粉、麻油、酱油拌匀，用水调一些芡粉和鸡蛋清一起调拌鸡脯肉。锅烧热油，加入酱、瓜、姜、葱花末。放入鸡脯肉用旺火猛炒。一盘用肉量最好不要超过四两，这样炒时火才能够猛烈，肉才能炒透。

蒸小鸡

用小嫩鸡雏，整放盘中，上加秋油、甜酒、香蕈、笋尖，饭锅上蒸之。

〔译文〕

选用小嫩鸡一只，整只放到盘中，加入酱油、甜酒酿、香菇、笋尖，放到饭锅上面与饭一起蒸熟。

酱　鸡

生鸡一只，用清酱浸一昼夜，而风干之。此三冬菜也。

〔译文〕

活鸡一只，宰杀处理干净后用清酱浸泡一日一夜，捞起风干。这是三冬腊月里的时令菜。

鸡　丁

取鸡脯子，切骰子小块，入滚油炮炒之，用秋油、酒收起；加荸荠丁[1]、笋丁、香蕈丁拌之。汤以黑色为佳。

〔注释〕

①荸荠(bíqí)：又称马蹄，皮色紫黑，可食，肉质洁白，味甜多汁，清脆可口。

〔译文〕

把鸡脯肉切成骰子大小的块儿，放滚油锅中爆炒，加酱油、酒起锅；加荸荠丁、笋丁、香菇丁作为配菜。菜汁炒出黑色是最好的。

鸡　圆

斩鸡脯子肉为圆，如酒杯大，鲜嫩如虾团。扬州臧八太爷家，制之最精。法用猪油、萝卜、纤粉揉成，不可放馅。

〔译文〕

把鸡脯肉剁成肉泥，团成鸡肉圆，做成酒杯大小，鲜嫩像虾圆。扬州的臧八太爷家做的这道菜最精致。方法是用猪油、萝卜，芡粉和上剁成泥的鸡肉成肉圆，里面不放馅。

蘑菇煨鸡

口蘑菇四两[1],开水泡去砂,用冷水漂,牙刷擦,再用清水漂四次。用菜油二两炮透,加酒喷。将鸡斩块放锅内,滚去沫,下甜酒、清酱,爆八分功程,下蘑菇,再煨二分功程,加笋、葱、椒起锅,不用水,加冰糖三钱。

〔注释〕

①口蘑菇:蘑菇的一种,味道鲜美,蒙古草原产,常通过河北张家口输送到内地,故称"口蘑"。

〔译文〕

口蘑菇四两,用开水泡发去除沙子,用冷水漂洗,用牙刷擦洗,再用清水漂洗四次。然后用菜油二两爆炒炸透,将酒喷淋在炸好的蘑菇上。将鸡剁成块放入锅中滚煮,撇去沫,加入甜酒、清酱小火慢炖至八分熟时,加入蘑菇,继续小火炖至熟透,加入笋、葱、椒后起锅,不用加水,加入三钱冰糖。

梨炒鸡

取雏鸡胸肉切片,先用猪油三两熬熟,炒三四次,加麻油一瓢,纤粉、盐花、姜汁、花椒末各一茶匙,再加雪梨薄片、香蕈小块,炒三四次起锅,盛五寸盘。

〔译文〕

取小鸡的胸脯肉切成片，先把猪油三两烧热，放鸡肉片翻炒三四次，加入麻油一瓢，芡粉、盐、姜汁、花椒末各一茶匙，再加入切成薄片的雪梨和切成小块的香菇，再翻炒三四次后起锅，用五寸盘盛上。

假野鸡卷

将脯子斩碎，用鸡子一个，调清酱郁之。将网油画碎，分包小包，油里炮透，再加清酱、酒作料，香蕈、木耳起锅，加糖一撮。

〔译文〕

将鸡胸脯肉剁碎，打入鸡蛋一个，调入清酱腌浸。再把网油划成若干小块，把腌好的鸡肉分别包上网油，放到锅中炸炒熟透，再加入清酱、酒等调料，用香菇、木耳拌入后起锅，加点糖。

黄芽菜炒鸡

将鸡切块，起油锅生炒透，酒滚二三十次，加秋油后滚二三十次，下水滚；将菜切块，俟鸡有七分熟，将菜下锅；再滚三分，加糖、葱、大料。其菜要另滚熟搀用。每一只用油四两。

〔译文〕

把鸡肉切成块，放到油锅里炒透，加酒煮滚二三十次，再加入酱油煮滚二三十次，再加水烧开；将黄芽菜切块，等到鸡有七成熟时，将菜下锅；继续煮滚至鸡完全熟，加入糖、葱、大料。黄芽菜下锅之前要先另外煮熟才能掺用。每一只鸡用四两油。

栗子炒鸡

鸡斩块，用菜油二两炮，加酒一饭碗，秋油一小杯，水一饭碗，煨七分熟；先将栗子煮熟，同笋下之，再煨三分起锅，下糖一撮。

〔译文〕

把鸡剁成块，用菜油二两炸炒，然后加一碗酒、一小杯酱油、一碗水，煨煮至七分熟；将提前煮熟的栗子，和笋一起放入锅中，再继续煨煮到鸡全熟后起锅，加入一点糖。

灼八块

嫩鸡一只，斩八块，滚油炮透，去油，加清酱一杯、酒半斤，煨熟便起，不用水，用武火。

〔译文〕

嫩鸡一只，剁成八块，在滚油锅中炸炒透，沥干油，加入一杯清酱、半斤酒，煨熟便起锅，煨煮的时候不用加水，要用旺火。

珍珠团

熟鸡脯子，切黄豆大块，清酱、酒拌匀，用干面滚满，入锅炒。炒用素油。

〔译文〕

把煮熟的鸡胸脯肉，切成黄豆大小的肉丁，用清酱、酒拌匀，再放到干面粉中滚一下，再放到锅里炒。炒的时候用植物油。

黄芪蒸鸡治瘵[①]

取童鸡未曾生蛋者杀之，不见水，取出肚脏，塞黄芪一两[②]，架箸放锅内蒸之，四面封口，熟时取出。卤浓而鲜，可疗弱症。

〔注释〕

①瘵(zhài)：病，多指痨病，即肺结核。
②黄芪(qí)：即黄耆，多年生草本植物，根部可做中药，以补虚为主。

〔译文〕

一只没有生过蛋的嫩母鸡，宰杀后不要沾水，取出内脏，塞入黄芪一两，锅里架上筷子蒸，锅盖四面密封，蒸熟后将鸡取出。蒸出来的汤汁浓鲜，可治疗体弱气虚等病症。

卤 鸡

囫囵鸡一只，肚内塞葱三十条、茴香二钱，用酒一斤、秋油一小杯半，先滚一枝香，加水一斤、脂油二两[1]，一齐同煨；待鸡熟，取出脂油。水要用熟水，收浓卤一饭碗，才取起；或拆碎，或薄刀片之，仍以原卤拌食。

〔注释〕

①脂油：用猪板油熬成的优质猪油。

〔译文〕

整鸡一只，收拾干净，肚内塞入葱三十条、茴香二钱，锅内加一斤酒、一杯半酱油，放入处理好的鸡煮一炷香时间，然后加一斤水、二两脂油，一起煨煮；等鸡熟了，把脂油撇出。注意加的水是开过的水，煮到汤汁浓稠还有一碗左右的时候再把鸡取出；或拆碎，或用薄刀切片，将原汤浇上拌着吃。

蒋 鸡

童子鸡一只，用盐四钱、酱油一匙、老酒半茶杯、姜三大片，放砂锅内，隔水蒸烂，去骨，不用水。蒋御史家法也[1]。

〔注释〕

①御史:官名,是中国古代职掌监察官员的一种泛称。清代所设监察御史,有对违法官员进行弹劾、对府州县道等审判衙门进行实质监督的权力。

〔译文〕

童子鸡一只,用盐四钱、酱油一匙、老酒半茶杯、姜三大片,放入砂锅内,隔水蒸烂,脱去骨头,蒸时砂锅内不加水。这是蒋御史家的做法。

唐 鸡

鸡一只,或二斤,或三斤。如用二斤者,用酒一饭碗、水三饭碗;用三斤者,酌添。先将鸡切块,用菜油二两,候滚熟,爆鸡要透;先用酒滚一二十滚,再下水约二三百滚;用秋油一酒杯;起锅时加白糖一钱。唐静涵家法也。

〔译文〕

选一只二三斤的鸡。如果鸡是二斤,就用一碗酒、三碗水;如果是三斤,就酌量适当添加酒和水。先将鸡切块,用二两菜油烧滚,把鸡块煎炸透;用酒煮滚一二十次后,再加水煮滚二三百次;加一酒杯酱油;起锅时加一钱白糖。这是唐静涵家的做法。

鸡肝

用酒、醋喷炒，以嫩为贵。

〔译文〕

炒鸡肝用料酒、醋一边喷一边爆炒，越嫩越好。

鸡血

取鸡血为条，加鸡汤、酱、醋、纤粉作羹，宜于老人。

〔译文〕

鸡血凝固后切条，加上鸡汤、酱、醋、芡粉做成汤，适合老人吃。

鸡丝

拆鸡为丝，秋油、芥末、醋拌之。此杭州菜也。加笋加芹俱可。用笋丝、秋油、酒炒之亦可。拌者用熟鸡，炒者用生鸡。

〔译文〕

把煮熟的鸡肉撕成丝，用酱油、芥末、醋拌着吃。这是杭州菜。或者加笋和芹菜也可以。还有加笋丝、酱油、酒炒鸡丝也可以。拌着吃的需要用熟鸡,炒着吃的用生鸡。

糟　鸡

糟鸡与糟肉同。

〔译文〕

糟鸡的做法和糟肉的做法一样。

鸡　肾

取鸡肾三十个,煮微熟,去皮,用鸡汤加作料煨之。鲜嫩绝伦。

〔译文〕

鸡肾三十个,煮到刚刚熟,去除外皮,用鸡汤加适量佐料煨煮。鲜嫩无比。

鸡　蛋

鸡蛋去壳放碗中,将竹箸打一千回蒸之,绝嫩。凡蛋一煮而老,一千煮而反嫩。加茶叶煮者,以两炷香为度。蛋一百,用盐一两;五十,用盐五钱。加酱煨亦可。

其他则或煎或炒俱可。斩碎黄雀蒸之，亦佳。

〔译文〕

把鸡蛋打入碗中，用竹筷子反复搅打，然后蒸着吃，非常鲜嫩。蛋类一煮就老，煮很长时间反而会变嫩。加茶叶煮茶叶蛋，大约要煮两炷香的时间。一般的用量是一百只蛋，用一两盐；五十只蛋，用五钱盐。加酱煨也可以。其他或煎或炒都可以。和剁碎的黄雀肉一起蒸，也很好。

野鸡五法

野鸡披胸肉[①]，清酱郁过，以网油包放铁奁上烧之[②]。作方片可，作卷子亦可。此一法也。切片加作料炒，一法也。取胸肉作丁，一法也。当家鸡整煨，一法也。先用油灼拆丝，加酒、秋油、醋，同芹菜冷拌，一法也。生片其肉，入火锅中，登时便吃，亦一法也。其弊在肉嫩则味不入，味入则肉又老。

〔注释〕

①披：劈开，这里指用刀片下。

②奁（lián）：泛指盒匣一类的盛物之器。

〔译文〕

片下野鸡的鸡胸脯肉，用清酱腌浸，用网油包好放在铁奁上烧。可以包成方片，也可包成一卷。这是一种做法。把鸡胸脯肉切片加佐料炒，又是一种做法。或把鸡胸脯肉切成丁炒，也是一种方法。或像做家鸡那样，把野鸡整只煨煮，又是一种做法。还有用油把鸡灼熟，将肉撕成丝，加入料酒、酱油、醋，和芹菜一起凉拌，也是一种吃法。或把野鸡胸脯肉切成片，放到火锅里，一烫就吃，这也是一种吃法。但这种吃法的弊病在于，肉嫩则不够入味，等入味了肉质又会变老。

赤炖肉鸡

赤炖肉鸡，洗切净，每一斤用好酒十二两、盐二钱五分、冰糖四钱，研酌加桂皮，同入砂锅中，文炭火煨之。倘酒将干，鸡肉尚未烂，每斤酌加清开水一茶杯。

〔译文〕

红炖肉鸡，先把鸡切好洗净，每一斤鸡肉用十二两好酒、二钱五分盐、四钱冰糖，适量加一些研磨的桂皮末，一起放入砂锅中，用炭火小火煨煮。如果酒快煮干了，而鸡肉还没有烂熟，按每斤鸡肉加一茶杯水的比例酌情加开水。

蘑菇煨鸡

鸡肉一斤，甜酒一斤，盐三钱，冰糖四钱，蘑菇用新鲜不霉者，文火煨两枝线香为度[①]。不可用水，先煨鸡八分熟，再下蘑菇。

〔注释〕

①线香：用木屑加香料做成的细长而无竹芯的香，因燃烧时间比较长，也常被作为时间计量单位。

〔译文〕

一斤鸡肉，一斤甜酒，三钱盐，四钱冰糖，蘑菇选用新鲜没有发霉的，将鸡肉慢火煨煮两炷香的时间。注意不可以加水，先将鸡煨煮到八分熟，再放入蘑菇。

鸽　子

鸽子加好火腿同煨，甚佳。不用火肉，亦可。

〔译文〕

鸽子肉与好的火腿一起煨煮，味道非常好。不用火腿也可以。

鸽　蛋

煨鸽蛋法，与煨鸡肾同。或煎食亦可，加微醋亦可。

〔译文〕

煨制鸽蛋的方法和煨制鸡肾的方法一样。或者煎食也可以,还可以加点醋。

野鸭

野鸭切厚片,秋油郁过,用两片雪梨,夹住炮炒之。苏州包道台家[1],制法最精,今失传矣。用蒸家鸭法蒸之,亦可。

〔**注释**〕

①道台:清代官名,是省与府之间的地方长官。

〔**译文**〕

野鸭肉切成厚片,用酱油腌浸,然后用两片雪梨夹一片鸭肉煎炒。苏州包道台家做的这道菜最好吃,可是现在已失传。用蒸家鸭的方法蒸野鸭也可以。

蒸鸭

生肥鸭去骨,内用糯米一酒杯、火腿丁、大头菜丁、香蕈、笋丁、秋油、酒、小磨麻油、葱花,俱灌鸭肚内,外用鸡汤放盘中,隔水蒸透。此真定魏太守家法也[1]。

〔**注释**〕

①真定:今河北正定。

〔译文〕

肥鸭宰杀后剔去鸭骨，用一酒杯糯米、火腿丁、大头菜丁、香菇、笋丁、酱油、酒、小磨麻油、葱花拌匀，全部塞入鸭肚里，将处理好的鸭子放在盛有鸡汤的蒸盘中，隔水蒸透。这是真定魏太守家的做法。

鸭糊涂

用肥鸭，白煮八分熟，冷定去骨，拆成天然不方不圆之块，下原汤内煨，加盐三钱、酒半斤，捶碎山药，同下锅作纤，临煨烂时，再加姜末、香蕈、葱花。如要浓汤，加放粉纤。以芋代山药亦妙。

〔译文〕

将肥鸭用白水煮至八分熟，冷却后剔去骨头，切成自然的不方不圆的块，放入原汤中煨煮，加三钱盐，半斤酒，山药捶碎，一起放到锅里当作芡粉，鸭肉快要煨烂时，再加上姜末、香菇、葱花。如果想要浓汤，还可另外加放淀粉勾芡。用芋头代替山药也很好。

卤　鸭

不用水，用酒，煮鸭去骨，加作料食之。高要令杨公家法也[1]。

〔注释〕

①高要:在今广东肇庆辖区。

〔译文〕

不用水而用酒煮鸭子,鸭熟之后剔去骨头,加入佐料食用。这是高要令杨公家中的做法。

鸭 脯

用肥鸭,斩大方块,用酒半斤、秋油一杯、笋、香蕈、葱花闷之,收卤起锅。

〔译文〕

选用肥鸭,切成大方块,用半斤酒、一杯酱油、笋、香菇、葱花焖煮,收汁起锅。

烧 鸭

用雏鸭,上叉烧之。冯观察家厨最精[1]。

〔注释〕

①观察:唐代于不设节度使的区域设观察使,简称"观察",为州以上的长官。宋代观察使是虚衔,清代作为对道员的尊称。

〔译文〕

用小嫩鸭,叉在铁叉上烧烤。冯观察家的厨师做得最好。

挂卤鸭

塞葱鸭腹,盖闷而烧。水西门许店最精。家中不能作。有黄、黑二色,黄者更妙。

〔译文〕

把葱塞入鸭肚子中,密封盖子焖烧。水西门的许氏店做得最好。一般人家中做不了。做好的卤鸭有黄、黑两种颜色,黄色的更好吃。

干蒸鸭

杭州商人何星举家干蒸鸭。将肥鸭一只,洗净斩八块,加甜酒、秋油,淹满鸭面,放磁罐中封好,置干锅中蒸之;用文炭火,不用水。临上时,其精肉皆烂如泥。以线香二枝为度。

〔译文〕

杭州商人何星举家所制干蒸鸭。将肥鸭一只洗净剁成八块,加入甜酒、酱油,盖过鸭面,放到瓷罐中密封严实,然后放到干锅中蒸;用文炭火蒸,不用加水。临上桌时,精肉都软烂如泥。一般蒸大约二炷香的时间。

野鸭团

细斩野鸭胸前肉,加猪油微纤,调揉成团,入鸡汤滚之。或用本鸭汤亦佳。太兴孔亲家制之[①],甚精。

〔注释〕

①太兴:今江苏泰兴。

〔译文〕

把野鸭胸脯肉剁极细,加入猪油和少量淀粉,调匀揉成团,放到鸡汤里煮熟。或用剩下的野鸭煮的鸭汤也很好。太兴孔亲家做的这道菜最精妙。

徐　鸭

顶大鲜鸭一只,用百花酒十二两、青盐一两二钱、滚水一汤碗,冲化去渣沫,再兑冷水七饭碗,鲜姜四厚片,约重一两,同入大瓦盖钵内,将皮纸封固口[①],用大火笼烧透大炭吉三元(约二文一个);外用套包一个,将火笼罩定,不可令其走气。约早点时炖起,至晚方好。速则恐其不透,味便不佳矣。其炭吉烧透后[②],不宜更换瓦钵，亦不宜预先开看。鸭破开时，将清水洗后，用洁净无浆布拭干入钵。

〔注释〕

①皮纸：用桑树皮、楮树皮等制成的一种纸，纸质柔韧，一般供糊窗纸、制作雨伞之用。

②炭吉：一种扁圆形的加工的煤炭，无烟无味，燃烧时间长。

〔译文〕

选用一只又大又新鲜的鸭子，用十二两百花酒，一两二钱青盐，用一汤碗开水将青盐冲化后去掉碗底的渣沫，再兑入七碗凉水，四厚片约重一两的鲜姜，一起放入大瓦盖钵内，用皮纸密封钵口，将二文钱一个的大炭吉放在大火笼里烧透，将大瓦盖钵放到大火笼上，火笼外面用一个套包罩住，以免热气泄漏。早饭时开始炖，要一直到晚上才炖好。时间短了恐怕炖不透，味道就不够好。炭吉烧透后，不要更换瓦钵，也不要提前打开看。要注意的是：鸭子宰杀开膛时，用清水清洗好后，要用洁净无浆布把鸭子擦干后再放进瓦钵。

煨麻雀

取麻雀五十只，以清酱、甜酒煨之，熟后去爪脚，单取雀胸、头肉，连汤放盘中，甘鲜异常。其他鸟鹊俱可类推。但鲜者一时难得。薛生白常劝人[①]：“勿食人间豢养之物。”以野禽味鲜，且易消化。

〔注释〕

①薛生白:字生白,号一瓢。名医,有诗名,擅画兰花,袁枚好友。

〔译文〕

选用五十只麻雀,用清酱、甜酒煨煮,煨熟后去掉爪脚,只用雀胸、头肉,连汁放到盘中,味道异常鲜美。其他飞禽也可以用同样的方法烹制。但一般鲜活的飞禽很难获得。薛生白先生常劝人们:"不要吃人间豢养的动物。"认为野禽味道鲜美,而且容易消化。

煨鹩鹑、黄雀

鹩鹑用六合来者最佳①。有现成制好者。黄雀用苏州糟,加蜜酒煨烂,下作料,与煨麻雀同。苏州沈观察煨黄雀,并骨如泥,不知作何制法。炒鱼片亦精。其厨馔之精,合吴门推为第一②。

〔注释〕

①鹩鹑(liáochún):又叫鷦鷯,小型鸣禽。六合:今江苏六合。
②吴门:今江苏苏州。

〔译文〕

鹩鹑以江苏六合产的最好,有现成做好的。黄雀用苏州糟加蜜酒煨烂,放入佐料,此菜与煨麻雀的做法相同。苏州沈观察家所做的煨黄雀，骨头都能做得酥烂如泥，不知道是用什么方法做到的。他们家做的炒鱼片也很好。他家厨师的厨艺精湛，全苏州可推为第一。

云林鹅

《倪云林集》中载制鹅法[①]。整鹅一只，洗净后，用盐三钱擦其腹内，塞葱一帚填实其中[②]，外将蜜拌酒通身满涂之。锅中一大碗酒、一大碗水蒸之，用竹箸架之，不使鹅身近水。灶内用山茅二束，缓缓烧尽为度。俟锅盖冷后，揭开锅盖，将鹅翻身，仍将锅盖封好蒸之，再用茅柴一束，烧尽为度。柴俟其自尽，不可挑拨。锅盖用绵纸糊封[③]，逼燥裂缝，以水润之。起锅时，不但鹅烂如泥，汤亦鲜美。以此法制鸭，味美亦同。每茅柴一束，重一斤八两。擦盐时，串入葱、椒末子，以酒和匀。《云林集》中，载食品甚多。只此一法，试之颇效，余俱附会。

〔注释〕

①倪云林：倪瓒，字元镇，号云林子。元末明初著名画家、诗人。其《云林堂饮食制度集》，是反映元代无锡地方饮食的烹饪专著，在中国饮食文化史上具有重要影响。

②一帚：一小把。

③绵纸：以树木韧皮纤维制成的纸，柔软而有韧性，纤维细长如绵。

〔译文〕

元朝倪瓒《云林集》中记载了一种做鹅的方法。选用全鹅一只,洗净后用三钱盐擦抹鹅的腹腔,塞入一小把葱,然后用蜂蜜和酒调匀涂抹鹅身。锅中放一大碗酒、一大碗水,鹅身用竹筷子架起,不要接触水,开始蒸。锅灶内用山茅二捆慢慢烧,直到将其全部烧完。等锅冷却后,打开锅盖,给鹅翻个身,仍将锅盖封好继续蒸,再用一捆茅柴烧,也是全烧光为止。等柴自然烧尽熄灭,不可翻挑柴草。锅盖用绵纸糊封,如有干燥裂缝的地方,就用水湿润绵纸。起锅时,不但鹅烂如泥,汤汁也很鲜美。还可以用这个方法做鸭子,同样很美味。一捆茅柴重一斤八两。擦盐时,可以把盐里掺上葱末和椒粉末,用酒和匀。《云林集》中记载的食谱很多。只有烧鹅的这种做法,试过之后效果很好。其他的都有些牵强附会。

烧 鹅

杭州烧鹅,为人所笑,以其生也,不如家厨自烧为妙。

〔译文〕

杭州卖的烧鹅,总是被人们嘲笑,因为烧得半生不熟的,还不如自己家厨师烧得好呢。

水族有鳞单

〔题解〕

《食单》中水族被袁枚分成了有鳞和无鳞两类。大体上来说,有鳞的水族基本都是鱼类,无鳞的水族则包含广泛,所以袁枚要将其分开区别对待。在袁枚看来,鱼如果没有鳞就不够完整。本部分收录的鱼类有边鱼、鲫鱼、季鱼、土步鱼、银鱼、黄姑鱼等,种类不同,烹调的方法也各有千秋,清蒸、红烧、煎、炸,甚至还有不太常见的做鱼松、鱼圆、晒鱼干等,可见清代对水族食材的烹调技术已经很成熟了。

鱼皆去鳞,惟鲥鱼不去。我道有鳞而鱼形始全。作《水族有鳞单》。

〔译文〕

鱼作为食材处理时都要把鳞去掉,只有鲥鱼不用去鳞。我认为鱼有鳞,形状才算完整。因此作《水族有鳞单》。

边 鱼

边鱼活者，加酒、秋油蒸之，玉色为度。一作呆白色，则肉老而味变矣。并须盖好，不可受锅盖上之水气。临起加香蕈、笋尖。或用酒煎亦佳；用酒不用水，号“假鲥鱼”。

〔译文〕

边鱼要用活的，加酒、酱油上锅蒸，蒸到鱼肉呈现出玉色就是最适当的了。如果蒸到呈现出呆白色，那鱼肉就蒸老了，而且味道也变得没那么好吃了。并且，蒸鱼时必须把锅盖好，不能让锅盖上的水汽滴到鱼上。临起锅的时候，加上香菇、笋尖。边鱼还有一种做法：用酒煎着吃也很好；用酒不用水，号称“假鲥鱼”。

鲫 鱼

鲫鱼先要善买。择其扁身而带白色者，其肉嫩而松；熟后一提，肉即卸骨而下。黑脊浑身者，崛强槎丫，鱼中之喇子也[①]，断不可食。照边鱼蒸法，最佳。其次煎吃亦妙，拆肉下可以作羹。通州人能煨之[②]，骨尾俱酥，号“酥鱼”，利小儿食，然总不如蒸食之得真味也。六合龙池出者[③]，愈大愈嫩，亦奇。蒸时用酒不用水，稍稍用糖以起其鲜。以鱼之小大，酌量秋油、酒之多寡。

〔注释〕

①喇子：本指流氓无赖及刁滑凶悍的人。

②通州：指今江苏南通地区。

③六合龙池：龙池湖，在今江苏南京六合区。

〔译文〕

做鲫鱼必须先要会选购。要选择鱼身扁带白色的，这样子的鲫鱼，做熟后肉质鲜嫩松软；一提骨鱼肉就会很轻松地离骨脱落。黑脊圆身的，肉质僵硬多刺，是鱼中的流氓无赖，一定不要吃。按照蒸边鱼的方法蒸鲫鱼，就是最好的做法。其次煎着吃也不错，另外将肉拆下来也可以做鱼羹。通州人最会煨炖鲫鱼，能做到从头到尾都是酥的，所以叫作"酥鱼"，最合适小孩儿吃，但还是不如蒸着吃有鱼的鲜味。六合龙池产的鲫鱼，个头越大越嫩，令人惊奇。蒸鱼时用酒不用水，稍稍放些糖可以提鲜。根据鱼的大小，酌量放酱油与酒。

白 鱼

白鱼肉最细。用糟鲥鱼同蒸之，最佳。或冬日微腌，加酒酿糟二日，亦佳。余在江中得网起活者，用酒蒸食，美不可言。糟之最佳，不可太久，久则肉木矣。

〔译文〕

白鱼的肉质最细腻。把糟鲥鱼与白鱼一起蒸，味道最好。

或者在冬天的时候稍微腌一下,再加酒糟酿两天,也很好。我得到一尾刚从江里网上来还活的白鱼,用酒蒸着吃,其味美不可言。糟白鱼是最好的做法,但不要糟太久,太久肉就硬得像木头一样没有滋味了。

季　鱼[1]

季鱼少骨,炒片最佳。炒者以片薄为贵。用秋油细郁后,用纤粉、蛋清搂之,入油锅炒,加作料炒之。油用素油。

〔注释〕

①季鱼:鳜(guì)鱼的俗称。

〔译文〕

季鱼骨刺少,最适合做炒鱼片。要炒的鱼片切得越薄越好。先用酱油腌浸后,用芡粉、蛋清拌匀,入油锅炒,放适量佐料。要记得用植物油。

土步鱼[1]

杭州以土步鱼为上品,而金陵人贱之,目为虎头蛇,可发一笑。肉最松嫩,煎之、煮之、蒸之俱可;加腌芥作汤、作羹,尤鲜。

〔注释〕

①土步鱼:学名沙鳢,因其冬天伏于水底,附土而行,所以称之为土步鱼。此鱼肉质白嫩肥美,盛产于西湖。

〔译文〕

杭州人把土步鱼尊为上品,南京人却看不起这种鱼,认为是虎头蛇,令人发笑。土步鱼的肉最松嫩,煎、煮、蒸都可以;加入腌芥菜做汤、做羹,尤为鲜美。

鱼 松

用青鱼、鲜鱼蒸熟[1],将肉拆下,放油锅中灼之,黄色,加盐花、葱、椒、瓜、姜。冬日封瓶中,可以一月。

〔注释〕

①鲜(huàn)鱼:即鲩鱼,也就是草鱼。

〔译文〕

将青鱼、草鱼蒸熟后,把肉拆下来,放到油锅中炸至金黄色,然后加入适量的盐、葱、椒、瓜、姜等。冬天密封到瓶子里,可以保存一个月。

鱼 圆

用白鱼、青鱼活者,剖半钉板上,用刀刮下肉,留刺在板上。将肉斩化，用豆粉、猪油拌，将手搅之；放微微盐水，不用清酱，加葱、姜汁作团；成后，放滚水中煮熟撩起。冷水养之，临吃入鸡汤、紫菜滚。

〔译文〕

把活的白鱼或青鱼剖成两半，钉在案板上，用刀刮下鱼肉，鱼刺则留在案板上。把鱼肉剁成肉泥，用豆粉、猪油拌匀，继续用手搅拌；放一点点盐水，不用清酱，加葱汁、姜汁后做成团；然后，放入滚水中煮熟捞起。放进冷水中存放，临吃时，用鸡汤、紫菜煮开就可以了。

鱼片

取青鱼、季鱼片，秋油郁之，加纤粉、蛋清，起油锅炮炒，用小盘盛起。加葱、椒、瓜、姜，极多不过六两，太多则火气不透。

〔译文〕

把青鱼、季鱼片用酱油腌浸，加芡粉、蛋清拌匀，烧热油锅，放锅中爆炒，然后用小盘盛起。炒时加入适量葱、椒、瓜、姜等配料，鱼片最多不能超过六两，太多则因火力不够炒不透。

连鱼豆腐[①]

用大连鱼煎熟，加豆腐，喷酱、水、葱、酒滚之，俟汤色半红起锅，其头味尤美。此杭州菜也。用酱多少，须相鱼而行。

〔注释〕

①连鱼：即鲢鱼，肉质嫩滑，味道鲜美，是我国主要淡水养殖鱼类之一。

〔译文〕

把大的鲢鱼煎熟，加入豆腐，喷酒酱、水、葱、酒等烧煮，煮到汤色半红时就可以起锅了，鲢鱼头的味道特别鲜美。这种做法是杭州菜。用酱多少，要根据鱼的大小来定。

醋搂鱼[1]

用活青鱼切大块，油灼之，加酱、醋、酒喷之，汤多为妙。俟熟即速起锅。此物杭州西湖上五柳居最有名。而今则酱臭而鱼败矣。甚矣！宋嫂鱼羹[2]，徒存虚名，《梦粱录》不足信也[3]。鱼不可大，大则味不入；不可小，小则刺多。

〔注释〕

①醋搂鱼：即醋溜鱼，是由宋代的宋嫂鱼羹这道菜演变而来的。

②宋嫂鱼羹：是杭州传统风味名菜，创制于南宋时期，周密在《武林旧事》中有所记载。

③《梦粱录》：南宋吴自牧所著，是一部介绍南宋都城临安（今杭州）社

会状况、城市风貌的著作。

〔译文〕

把鲜活的青鱼切成大块,放油锅中煎炸,喷洒适量的酱、醋、酒等调料,以汤汁多为好。等鱼熟后即速起锅。这道菜杭州西湖五柳居做得最有名。如今是酱也臭,鱼也不新鲜。太可惜了!宋嫂鱼羹现在只是徒有虚名,《梦粱录》的记载不能完全相信了。醋溜鱼选用的鱼不能太大,太大不容易入味;也不能太小,太小鱼刺就会多。

银鱼

银鱼起水时,名冰鲜。加鸡汤、火腿汤煨之。或炒食,甚嫩。干者泡软,用酱水炒亦妙。

〔译文〕

银鱼刚打捞出水时,色白透明,所以叫作冰鲜。用鸡汤或火腿汤煨煮。或炒着吃,口感更加鲜嫩。银鱼干则要先泡软,再用酱水炒也很好吃。

台鲞

台鲞好丑不一,出台州松门者为佳,肉软而鲜肥。生时拆之,便可当作小菜,不必煮食也;用鲜肉同煨,须肉烂时放鲞;否则,鲞消化不见矣。冻之即为鲞冻。绍兴人法也。

〔译文〕

台鲞品质好坏不一，台州松门出产的最好，肉质柔软鲜肥。生的时候把肉拆下来，就可以当小菜，不用煮熟吃；和鲜肉一起煨煮时，必须等肉煮烂的时候再放入鲞；否则，鲞就会煮化了找不到。台鲞煮熟后冷却就是鲞冻。这是绍兴人的做法。

糟　鲞

冬日用大鲤鱼，腌而干之，入酒糟，置坛中，封口。夏日食之。不可烧酒作泡，用烧酒者，不无辣味。

〔译文〕

冬天把大鲤鱼腌过后风干，然后将酒糟和鱼混合放在缸中密封起来。到夏天可以吃。不能用烧酒做泡汁，否则会有辣味。

虾子勒鲞

夏日选白净带子勒鲞[1]，放水中一日，泡去盐味，太阳晒干，入锅油煎；一面黄取起，以一面未黄者铺上虾子，放盘中，加白糖蒸之，以一炷香为度。三伏日食之绝妙[2]。

〔注释〕

①勒:即鳓鱼,暖水近海中鱼类。味鲜肉细,营养价值高。

②三伏:是初伏、中伏和末伏的统称,是一年中最热的时节。

〔译文〕

夏天选用白净带鱼子的鳓鱼干,放到水中泡一天,泡去咸味,然后在太阳下晒干,放锅中用油煎;到一面发黄后取出,在没黄的一面铺上虾子,放在盘上,加入白糖蒸一炷香的时间。三伏天吃这道菜特别美味。

鱼脯

活青鱼去头尾,斩小方块,盐腌透,风干,火锅油煎;加作料收卤,再炒芝麻滚拌起锅。苏州法也。

〔译文〕

活的青鱼剁去鱼头和鱼尾,切成小方块,用盐腌透后风干,放入油锅中煎;加佐料收卤,再加上炒芝麻趁热翻拌后起锅。这是苏州人的做法。

家常煎鱼

家常煎鱼,须要耐性。将鲜鱼洗净,切块盐腌,压扁,入油中两面熯黄[1]。多加酒、秋油,文火慢慢滚之,然后收汤作卤，使作料之味全入鱼中。第此法指鱼之不活者而言[②]，如活者，又以速起锅为妙。

〔注释〕

①熯（hàn）：烧，烘烤。

②第：但，且。

〔译文〕

家常煎鱼，必须有耐性。将草鱼洗干净，切成块加盐腌，压扁，然后放到油中将鱼两面煎黄。多加酒、酱油，小火慢慢炖熟，然后收干汤汁作卤，这样能使佐料的香味进入鱼肉中。但这种做法是针对那些不活的鱼，如果是活鱼，还是快速起锅为好。

黄姑鱼

岳州出小鱼[①]，长二三寸，晒干寄来。加酒剥皮，放饭锅上，蒸而食之，味最鲜，号“黄姑鱼”。

〔注释〕

①岳州：今湖南岳阳地区。

〔译文〕

岳州出产一种小鱼，二三寸长，有人将这种小鱼晒成鱼干寄给我。把它加酒泡软剥了皮，放在饭锅上蒸着吃，味道最鲜美，叫作“黄姑鱼”。

水族无鳞单

〔题解〕

《食单》中水族类菜谱被袁枚分成了有鳞和无鳞两类。上一部分的水族有鳞类以鱼类为主,烹饪手法也趋向于追求食材的本味。这一部分的水族无鳞类,则多半具有味道浓重、腥味突出的特点,所以此类食材在烹饪时都会用些特别的方法去腥、增鲜,以提高它们的食用价值。这一部分涉及的水族食材主要有鳗鱼、甲鱼、鳝鱼、虾、蟹、蛤蜊、蚶、车螯、蛏子、青蛙等,这里的水族既有淡水类食材,也有海水中出产的食材。还要注意的是青蛙现在是国家禁止捕食的动物,在袁枚的时代还允许吃。另外,本部分的熏蛋和茶叶蛋两条,或许放到《羽族单》里更加合适。

鱼无鳞者,其腥加倍,须加意烹饪,以姜、桂胜之。作《水族无鳞单》。

〔译文〕

没有鳞的鱼,比有鳞的鱼腥气更重,所以要更加注意烹调的方法，可以用姜、桂皮等调料来压制腥味，所以作《水族无鳞单》。

汤鳗

鳗鱼最忌出骨。因此物性本腥重，不可过于摆布，失其天真，犹鲥鱼之不可去鳞也。清煨者，以河鳗一条，洗去滑涎，斩寸为段，入磁罐中，用酒、水煨烂，下秋油起锅，加冬腌新芥菜作汤，重用葱、姜之类，以杀其腥。常熟顾比部家[①]，用纤粉、山药干煨，亦妙。或加作料，直置盘中蒸之，不用水。家致华分司蒸鳗最佳[②]。秋油、酒四六兑，务使汤浮于本身。起笼时，尤要恰好，迟则皮皱味失。

［注释］

①比部：古代官名，明清时用为刑部司官的通称。

②分司：古代官名，清代盐运司下设分司，是管理盐务的官员。

［译文］

鳗鱼最忌讳的是剔出骨头烹制。因为这种鱼腥味特别重，不能过度处理，否则就会失去它本真的特点，就像鲥鱼在烹饪的时候不能去鳞一样。清煨河鳗的做法是，精选一条鳗鱼，先洗去鱼身上的黏液，切成一寸左右的段，放入瓷罐中，加酒、水煨烂，然后加酱油起锅，还可以加冬天新腌的芥菜做汤，多用葱、姜等佐料，来消除鳗鱼的腥气。常熟的顾比部家，用芡粉、山药干煨鳗鱼，也很好吃。或者加佐料，直接把鳗鱼放在盘中蒸，不加水。家致华分司家蒸的鳗鱼最好，方法是用酱油、酒四六比例混合，一定要使汤盖过鱼身。蒸鱼起锅的时机要恰到好处，迟了鱼皮就会起皱，鲜味也会丢失。

红煨鳗

鳗鱼用酒、水煨烂，加甜酱代秋油，入锅收汤煨干，加茴香、大料起锅。有三病宜戒者：一皮有皱纹，皮便不酥；一肉散碗中，箸夹不起；一早下盐豉，入口不化。扬州朱分司家，制之最精。大抵红煨者以干为贵，使卤味收入鳗肉中。

〔译文〕

鳗鱼用酒、水煨到熟烂，加入甜酱代替酱油，等到锅中汤汁煨干，再加适量茴香和大料就可以起锅。做这道菜时应该避免犯以下三个错误：一是鱼皮起皱，皮就不酥了；二是肉散落到碗中，筷子很难再夹起来；三是盐豉放得太早，鱼肉入口不化。扬州朱分司家这道菜做得最好。一般来说，红煨鳗鱼以汤汁收干为好，这样卤味能够收入鳗鱼肉中。

炸　鳗

择鳗鱼大者，去首尾，寸断之。先用麻油炸熟，取起;另将鲜蒿菜嫩尖入锅中,仍用原油炒透,即以鳗鱼平铺菜上,加作料,煨一炷香。蒿菜分量,较鱼减半。

〔译文〕

选用较大的鳗鱼,剁去头尾,切成一寸左右的段。先用麻油炸熟,捞起来;再把鲜蒿菜的嫩尖放入锅中,用刚炸过鳗鱼的油炒透,把鳗鱼平铺到炒好的菜上,加上佐料,煨煮一炷香左右的时间。蒿菜的用量,是鳗鱼的一半。

生炒甲鱼

将甲鱼去骨,用麻油炮炒之,加秋油一杯、鸡汁一杯。此真定魏太守家法也。

〔译文〕

把甲鱼骨头剔除,用麻油爆炒,加一杯酱油,一杯鸡汁。这是真定魏太守家的做法。

酱炒甲鱼

将甲鱼煮半熟,去骨,起油锅炮炒,加酱水、葱、椒,收汤成卤,然后起锅。此杭州法也。

〔译文〕

将甲鱼煮到半熟,剔去骨头,然后起油锅爆炒,加入酱水、葱、椒，汤汁收干成卤就可以起锅了。这是杭州人的做法。

带骨甲鱼

要一个半斤重者，斩四块，加脂油三两，起油锅煎两面黄，加水、秋油、酒煨；先武火，后文火，至八分熟加蒜，起锅用葱、姜、糖。甲鱼宜小不宜大，俗号“童子脚鱼”才嫩。

〔译文〕

选用一只半斤重的甲鱼，剁成四块，往锅中加三两好猪油，将甲鱼块煎至两面金黄后，加水、酱油、酒开始煨煮；先用旺火，后用慢火，煨煮至八分熟时加蒜，起锅时再放葱、姜、糖。这道菜的甲鱼小一点更好，俗称“童子脚鱼”的才鲜嫩。

青盐甲鱼

斩四块，起油锅炮透。每甲鱼一斤，用酒四两、大茴香三钱、盐一钱半；煨至半好，下脂油二两，切小豆块再煨，加蒜头、笋尖；起时用葱、椒，或用秋油，则不用盐。此苏州唐静涵家法。甲鱼大则老，小则腥，须买其中样者。

〔译文〕

把甲鱼剁成四块，起油锅炸透。每一斤甲鱼，用四两酒、三钱大茴香、一钱半盐；煨煮到半熟时，加入二两好猪油，然后把甲鱼切成豆粒大的小块继续煨煮，加蒜头、笋尖；起锅时用葱、椒，或用酱油，不用盐。这是苏州唐静涵家中的做法。甲鱼大了肉就老，太小的腥气又重，最好买中等大小的。

汤煨甲鱼

将甲鱼白煮，去骨拆碎，用鸡汤、秋油、酒煨汤二碗，收至一碗，起锅，用葱、椒、姜末糁之。吴竹屿家制之最佳。微用纤，才得汤腻。

〔译文〕

将甲鱼用白水煮熟，剔骨拆肉，用鸡汤、酱油、酒煨煮，把二碗汤煮成一碗汤时起锅，起锅时加入葱、椒、姜末等。这道菜吴竹屿家做得最好。稍稍加点芡粉，能够使汤汁更为浓腻。

全壳甲鱼

山东杨参将家[1]，制甲鱼去首尾，取肉及裙，加作料煨好，仍以原壳覆之。每宴客，一客之前以小盘献一甲鱼。见者悚然，犹虑其动。惜未传其法。

〔注释〕

①参将：官职名，明朝首设，清代一般为绿旗营中的武官。

〔译文〕

山东的杨参将家做甲鱼时，切去头尾，只留甲鱼的肉和裙边，加佐料煨煮好后，仍然用甲鱼壳覆盖，每次宴请时，每位客人面前都用小盘摆上一只甲鱼。客人看见都是大吃一惊，还担心它会动。可惜这种做法没有流传下来。

鳝丝羹

鳝鱼煮半熟，划丝去骨，加酒、秋油煨之，微用纤粉，用真金菜、冬瓜、长葱为羹。南京厨者辄制鳝为炭，殊不可解。

〔译文〕

把鳝鱼煮至半熟，剔骨切成细丝，加酒、酱油煨煮，加入少量芡粉，用真金菜、冬瓜、长葱做成羹。南京厨师往往把鳝鱼烧得像木炭，实在让人难以理解。

炒　鳝

拆鳝丝炒之，略焦，如炒肉鸡之法，不可用水。

〔译文〕

把鳝鱼肉切成丝炒，炒得微微有些焦，像炒肉鸡一样，不可以加水。

段　鳝

切鳝以寸为段，照煨鳗法煨之，或先用油炙，使坚，再以冬瓜、鲜笋、香蕈作配，微用酱水，重用姜汁。

〔译文〕

把鳝鱼切成一寸左右的段，按照煨鳗鱼的方法煨煮。或先用油炸，使鳝鱼段变硬，再放入冬瓜、鲜笋、香菇等配料一起煨，放少许酱水，多放姜汁。

虾　圆

虾圆照鱼圆法。鸡汤煨之，干炒亦可。大概捶虾时，不宜过细，恐失真味。鱼圆亦然。或竟剥虾肉，以紫菜拌之，亦佳。

〔译文〕

制作虾圆，可以参照做鱼圆的方法。虾圆或用鸡汤煨，或者干炒都可以。注意捶虾时不能捶得太细，以免失去了虾的本味。做鱼圆也是一样。还可以直接剥出虾肉，用紫菜拌着吃，味道也很好。

虾 饼

以虾捶烂，团而煎之，即为虾饼。

〔译文〕

把虾捶烂，捏成团后油煎，就成了虾饼。

醉 虾

带壳用酒炙黄捞起，加清酱、米醋煨之，用碗闷之。临食放盘中，其壳俱酥。

〔译文〕

把带壳的虾用酒煎黄后捞出来，加清酱、米醋煨煮，盛起后用碗扣上闷着。临吃的时候再放到盘中，这样做虾壳都是酥的。

炒 虾

炒虾照炒鱼法，可用韭配。或加冬腌芥菜，则不可用韭矣。有捶扁其尾单炒者，亦觉新异。

〔译文〕

炒虾可参照炒鱼的方法，也可用韭菜作配料。如加冬天腌的芥菜，就不可以再加韭菜了。也有人把虾尾拍扁单独炒虾尾，也很新奇。

蟹

蟹宜独食，不宜搭配他物。最好以淡盐汤煮熟，自剥自食为妙。蒸者味虽全，而失之太淡。

〔译文〕

蟹适合单独烹煮，不适合和其他食材搭配做菜。最好的做法是用淡盐水煮熟，自剥自吃最妙。蒸蟹的味道虽然鲜味保全不失，但总归是口味太淡。

蟹　羹

剥蟹为羹，即用原汤煨之，不加鸡汁，独用为妙。见俗厨从中加鸭舌，或鱼翅，或海参者，徒夺其味，而惹其腥恶，劣极矣！

〔译文〕

剥取蟹肉做羹，就用原汤煨煮，不要加鸡汁，单独烹制最好。我曾见过有些水平低劣的厨师，在蟹羹中或加鸭舌，或加鱼翅，或加海参等，不仅夺去了蟹原有的鲜味，而且还激发了蟹的腥味，实在是太低劣了！

炒蟹粉

以现剥现炒之蟹为佳。过两个时辰,则肉干而味失。

〔译文〕

炒蟹粉以现剥现炒为好。过四个小时后,蟹肉就会变干,失去了它的美味。

剥壳蒸蟹

将蟹剥壳,取肉、取黄,仍置壳中,放五六只在生鸡蛋上蒸之。上桌时完然一蟹,惟去爪脚,比炒蟹粉觉有新色。杨兰坡明府,以南瓜肉拌蟹,颇奇。

〔译文〕

将蟹剥壳后,取出蟹肉、蟹黄,其他部位扔掉,将蟹肉蟹黄仍放回蟹壳中,把五六只处理好的蟹放在打好的生鸡蛋上面蒸。上菜时好像是完整的蟹,只是缺了脚爪,比炒蟹粉还有特色。杨兰坡明府,用南瓜肉拌蟹,十分新奇。

蛤　蜊

剥蛤蜊肉,加韭菜炒之佳。或为汤亦可。起迟便枯。

〔译文〕

剥下蛤蜊肉，加韭菜炒非常好吃。用蛤蜊做汤也可以。做蛤蜊火候很重要，起锅稍迟蛤蜊肉就会变老。

蚶[1]

蚶有三吃法。用热水喷之，半熟去盖，加酒、秋油醉之；或用鸡汤滚熟，去盖入汤；或全去其盖，作羹亦可。但宜速起，迟则肉枯。蚶出奉化县[2]，品在车螯[3]、蛤蜊之上。

〔注释〕

①蚶(hān)：软体动物，有两扇贝壳，厚而坚硬，生活在浅海泥沙中。贝壳可供药用，肉味鲜美。

②奉化：今浙江宁波奉化区。

③车螯(áo)：海产软体动物，蛤类，肉可食。

〔译文〕

蚶有三种吃法。用热水烫一下，半熟时去掉盖，加料酒、酱油浸泡做成醉蚶；或者用鸡汤滚熟，去盖后放到汤中浸泡；或者将蚶的盖全去掉，用蚶肉做羹也可以。但起锅要快，稍迟肉就会变老。产于奉化县的蚶，品质在车螯、蛤蜊之上。

车　鳌

先将五花肉切片,用作料闷烂。将车鳌洗净,麻油炒,仍将肉片连卤烹之。秋油要重些,方得有味。加豆腐亦可。车鳌从扬州来,虑坏则取壳中肉,置猪油中,可以远行。有晒为干者,亦佳。入鸡汤烹之,味在蛏干之上①。捶烂车鳌作饼,如虾饼样,煎吃加作料亦佳。

〔注释〕

①蛏(chēng):软体动物,有两扇贝壳,形状狭长,肉质鲜美。

〔译文〕

先把五花肉切成片,加上佐料焖烂。把车鳌洗干净,用麻油炒,再将肉片连同卤汁与车鳌同煮。要多放些酱油,这样才有味道。加豆腐也可以。车鳌从扬州运来,如果担心变质,也可以取出壳中的肉,放到猪油里,就可以运到较远的地方。也有把车鳌晒成干的,味道也很好。把车鳌放到鸡汤里煮,味道比蛏干还好。把车鳌捶烂制成饼,像虾饼那样煎着吃,加上佐料也很不错。

程泽弓蛏干

程泽弓商人家制蛏干,用冷水泡一日,滚水煮两日,撤汤五次。一寸之干,发开有二寸,如鲜蛏一般,才入鸡汤煨之。扬州人学之,俱不能及。

〔译文〕

程泽弓商人家所做的蛏干,先用冷水泡一天,再用开水煮两天,中间换五次水。一寸的蛏干可以发到二寸长,看上去就像鲜蛏子一样,然后放入鸡汤里煨煮。扬州人想学程家做蛏干,但都没有他家做得好。

鲜　蛏

烹蛏法与车螯同。单炒亦可。何春巢家蛏汤豆腐之妙,竟成绝品。

〔译文〕

做鲜蛏子的方法与做车螯的方法一样。单独炒着吃也可以。何春巢家所做的蛏汤豆腐非常好,竟成为绝品。

水　鸡[①]

水鸡去身用腿,先用油灼之,加秋油、甜酒、瓜、姜起锅。或拆肉炒之,味与鸡相似。

〔注释〕

①水鸡:即青蛙。

〔译文〕

把青蛙去掉身体部分，只用蛙腿，先用油炒蛙腿，再加酱油、甜酒、瓜、姜继续炒熟起锅。或拆解青蛙肉来炒，味道和鸡肉比较像。

熏　蛋

将鸡蛋加作料煨好，微微熏干，切片放盘中，可以佐膳。

〔译文〕

将鸡蛋加上佐料煨熟，稍稍熏干，切成片放在盘中，可以佐餐配菜。

茶叶蛋

鸡蛋百个，用盐一两、粗茶叶煮两枝线香为度。如蛋五十个，只用五钱盐，照数加减。可作点心。

〔译文〕

一百个鸡蛋，用一两盐、粗茶叶，煮两炷香的时间。如果是五十个鸡蛋，就用五钱盐，按照这个比例加减。茶叶蛋可用作点心。

杂素菜单

〔题解〕

素菜是以植物类、菌类食物为原料制成的菜肴。中国素菜的历史源远流长，最早的素菜产生于春秋战国时期，主要用于祭祀和重大的典礼。魏晋南北朝时期，随着佛教的传入，吃素理论的形成，素菜就形成了体系。到了清代，素菜就越发繁荣，素菜的种类和烹饪方法也得到了广泛的推广。《食单》的这一部分，记录了素菜菜谱共46种，其中有9种豆腐、1种豆腐皮的做法，其他是各种菜蔬和菌类的做法。素菜的做法原则是要突出其清新自然的风味。

菜有荤素，犹衣有表里也。富贵之人，嗜素甚于嗜荤。作《素菜单》。

〔译文〕

菜有荤有素，就像衣服有表有里。富贵人家喜欢吃素菜胜过吃荤菜。因此作《素菜单》。

蒋侍郎豆腐[1]

豆腐两面去皮,每块切成十六片,晾干。用猪油熬,清烟起才下豆腐,略洒盐花一撮。翻身后,用好甜酒一茶杯,大虾米一百二十个,如无大虾米,用小虾米三百个。先将虾米滚泡一个时辰,秋油一小杯,再滚一回;加糖一撮,再滚一回;用细葱半寸许长,一百二十段,缓缓起锅。

〔注释〕

①蒋侍郎:即清代大学士蒋溥次子蒋赐棨,官至户部侍郎。

〔译文〕

把豆腐两面去皮,每块切成十六片,晾干。将猪油烧至起青烟时,把豆腐放入锅中,撒一小撮盐花。再把豆腐翻面,加入一杯好甜酒,一百二十个大虾米,如果没有大虾米,可以用三百个小虾米。先把虾米用开水煮两个小时,加酱油一小杯,再滚一回;加糖一撮,再滚一回;把细葱切成半寸左右,共一百二十段放入锅中,然后慢慢起锅。

杨中丞豆腐

用嫩豆腐,煮去豆气,入鸡汤,同鳆鱼片滚数刻[1]。

加糟油、香蕈起锅。鸡汁须浓,鱼片要薄。

〔注释〕

①鳆鱼:即鲍鱼,高蛋白低脂肪的保健食品,味道鲜美,营养丰富。

〔译文〕

把嫩豆腐煮去豆气,放到鸡汤中,同时加入鲍鱼片一起煮一会儿。加入糟油、香菇起锅。鸡汁要浓,鲍鱼片要切得薄。

张恺豆腐

将虾米捣碎,入豆腐中,起油锅,加作料干炒。

〔译文〕

将虾米捣碎放入豆腐中,起油锅,加入佐料干炒。

庆元豆腐

将豆豉一茶杯,水泡烂,入豆腐同炒起锅。

〔译文〕

把一茶杯豆豉用水泡烂,将泡好的豆豉放入豆腐中一起炒熟后起锅。

芙蓉豆腐

用腐脑[1],放井水泡三次,去豆气,入鸡汤中滚,起锅时加紫菜、虾肉。

〔注释〕

①腐脑:豆腐脑。热豆浆经凝固剂接触发生反应,凝结成半固体状态的食品。

〔译文〕

把豆腐脑放入井水中泡三次,去除豆腥气,放入鸡汤中滚煮,起锅时加紫菜和虾肉。

王太守八宝豆腐

用嫩片切粉碎,加香蕈屑、蘑菇屑、松子仁屑、瓜子仁屑、鸡屑、火腿屑,同入浓鸡汁中,炒滚起锅。用腐脑亦可。用瓢不用箸。孟亭太守云[1]:“此圣祖赐徐健庵尚书方也[2]。尚书取方时,御膳房费一千两[3]。”太守之祖楼村先生[4],为尚书门生,故得之。

〔注释〕

①孟亭:即王箴舆,字敬倚,号孟亭,与袁枚是好朋友。

②圣祖:即清朝康熙皇帝。徐健庵:康熙年间尚书,很得康熙皇帝赏识。

③御膳房:清代掌管宫中备办饮食及典礼筵宴所用酒席等事物的机构。

④楼村:即王式丹,字方若,号楼村。康熙四十二年状元,有盛名。

〔译文〕

把嫩片豆腐切碎,加入香菇屑、蘑菇屑、松子仁屑、瓜子仁屑、鸡屑、火腿屑,一同放到浓鸡汁中,炒滚起锅。用豆腐脑制作也可以。吃时用瓢不用筷子。孟亭太守说:"这是当年圣祖康熙皇帝赐给徐健庵尚书的菜谱。尚书取菜谱时,支付了御膳房一千两银子。"太守的祖父楼村先生是徐健庵尚书的学生,因此得到了这个菜谱。

程立万豆腐

乾隆廿三年,同金寿门在扬州程立万家食煎豆腐[①],精绝无双。其腐两面黄干,无丝毫卤汁,微有车螯鲜味。然盘中并无车螯及他杂物也。次日告查宣门[②],查曰:"我能之!我当特请。"已而,同杭堇莆同食于查家,则上箸大笑,乃纯是鸡、雀脑为之,并非真豆腐,肥腻难耐矣。其费十倍于程,而味远不及也。惜其时余以妹丧急归,不及向程求方。程逾年亡。至今悔之。仍存其名,以俟再访。

〔注释〕

①寿门:官名,掌管城门启闭。

②宣门:官名,掌管城门启闭。

〔译文〕

乾隆二十三年,我和金寿门在扬州程立万家吃煎豆腐,味道精绝无双。他家做的豆腐两面金黄,干爽而没有丝毫卤汁,吃起来带点车螯的鲜味。但是盘中并没有车螯和其他配菜。第二天跟查宣门说,查说:"我能做这道菜,到时一定请你们品尝。"不久,与杭董莆一起到查家吃饭,一筷子夹下来不禁令人大笑,原来是用鸡和雀的脑髓做的,并不是真的豆腐,吃起来肥腻难耐。可花费却比程家所做的豆腐多出不止十倍,而味道却远远不及。可惜当时我因为妹妹的丧事急着回家,来不及向程家请教制作方法。程氏过了一年就去世了。至今后悔没有得到这道菜的做法。现在只能保留这个菜名,等有机会再寻访这一食方了。

冻豆腐

将豆腐冻一夜,切方块,滚去豆味,加鸡汤汁、火腿汁、肉汁煨之。上桌时,撤去鸡、火腿之类,单留香蕈、冬笋。豆腐煨久则松,面起蜂窝,如冻腐矣。故炒腐宜嫩,煨者宜老。家致华分司,用蘑菇煮豆腐,虽夏月亦照冻腐之法,甚佳。切不可加荤汤,致失清味。

〔译文〕

把豆腐冷冻一夜，切成方块，用水煮滚去掉豆腥味，另加入鸡汤汁、火腿汁、肉汁一起煨煮。上菜时，撤去鸡、火腿之类，只留下香菇、冬笋。豆腐煨煮时间长了会变松，表面出现蜂窝眼，像冻豆腐一样。因此，炒豆腐要嫩，煨豆腐要老。家致华分司，用蘑菇煮豆腐，即使夏天也按照做冻豆腐的方法做，非常好。切记不能加入荤汤，否则就失去了清香的味道。

虾油豆腐

取陈虾油，代清酱炒豆腐，须两面熯黄。油锅要热，用猪油、葱、椒。

〔译文〕

用陈年虾油代替清酱煎炒豆腐，把豆腐干煎至两面发黄。油锅要热，锅中加入猪油和葱、椒。

蓬蒿菜

取蒿尖，用油灼瘪，放鸡汤中滚之，起时加松菌百枚[①]。

〔注释〕

①松菌：又叫松茸，学名叫松口蘑。生长在松树林中，可供食用。

〔译文〕

将蓬蒿菜嫩尖用油炒软,放入鸡汤中滚煮,起锅时加入一百个松茸。

蕨　菜[1]

用蕨菜,不可爱惜,须尽去其枝叶,单取直根,洗净煨烂,再用鸡肉汤煨。必买矮弱者才肥。

〔注释〕

①蕨(jué)菜:又称拳头菜,猫爪,是多年生草本植物,嫩叶可食用,根茎可以制淀粉。

〔译文〕

选用蕨菜时,不要舍不得,必须把枝叶全部去掉,只留下嫩茎,洗干净煨熟,再加入鸡肉汤煨煮。蕨菜应买矮秆又嫩弱的口感才肥美。

葛仙米[1]

将米细捡淘净,煮半烂,用鸡汤、火腿汤煨。临上时,要只见米,不见鸡肉、火腿搀和才佳。此物陶方伯家,制之最精。

〔注释〕

①葛仙米：即地耳，属于水生藻类植物，可以食用。相传东晋葛洪以此献给皇上，太子体弱，食后病除体壮，皇上赐名"葛仙米"。

〔译文〕

将葛仙米仔细挑拣清洗干净，煮到半熟烂时，再用鸡汤、火腿汤煨煮。上菜时，只见葛仙米，不见鸡肉、火腿是最好的。陶方伯家所做的葛仙米，最为精妙。

羊肚菜[1]

羊肚菜出湖北。食法与葛仙米同。

〔注释〕

①羊肚菜：即羊肚菌，因为表面呈蜂窝状，酷似翻开的羊肚而得名。

〔译文〕

羊肚菜主要产自湖北，做法与葛仙米一样。

石　发[1]

制法与葛仙米同。夏日用麻油、醋、秋油拌之，亦佳。

〔注释〕

①石发:生在水边石头上的苔藻。

〔译文〕

石发的做法与葛仙米相同。夏天用麻油、醋、酱油拌着吃,也很好吃。

珍珠菜①

制法与蕨菜同。上江新安所出。

〔注释〕

①珍珠菜:菊科植物,嫩叶可食,是潮州菜式中的必需品之一。因花小色白,开起来如同串串珍珠,故得名。

〔译文〕

珍珠菜的做法和蕨菜相同,新安江上游有出产。

素烧鹅

煮烂山药,切寸为段,腐皮包,入油煎之,加秋油、酒、糖、瓜、姜,以色红为度。

〔译文〕

将山药煮烂，切成一寸长短的段，用豆腐皮包裹，放入油锅中煎炸，然后加入酱油、酒、糖、瓜、姜等一起烧煮，到颜色红亮就好了。

韭

韭，荤物也。专取韭白，加虾米炒之便佳。或用鲜虾亦可，蚬亦可[①]，肉亦可。

〔注释〕

①蚬（xiǎn）：软体动物，介壳圆形，肉味鲜美。

〔译文〕

韭菜，属于荤菜。只用韭菜白茎的部分，加入虾米炒着吃，味道就很好。也可以用鲜虾搭配，蚬子和猪肉也都可以。

芹

芹，素物也，愈肥愈妙。取白根炒之，加笋，以熟为度。今人有以炒肉者，清浊不伦。不熟者，虽脆无味。或生拌野鸡，又当别论。

〔译文〕

芹菜,属于素菜,越肥厚越好。选取白茎炒着吃,加上笋,炒熟就起锅。现在也有人用芹菜炒肉,清浊混杂,不伦不类。如果炒不熟,吃起来虽然脆却不入味。或者用生芹菜拌野鸡肉吃,又另当别论了。

豆 芽

豆芽柔脆,余颇爱之。炒须熟烂,作料之味,才能融洽。可配燕窝,以柔配柔,以白配白故也。然以极贱而陪极贵,人多嗤之。不知惟巢、由正可陪尧、舜耳①。

〔注释〕

①巢、由:指巢父和许由,上古时的贤人和隐士,相传尧想要把自己的君位传给他们,但他们都隐居起来不接受。尧、舜:唐尧和虞舜,是远古部落首领,被认为是德才兼备的圣君典范。

〔译文〕

豆芽柔软又脆嫩,我很喜欢。炒豆芽一定要炒熟烂,这样佐料的味道才能融合进去。豆芽还可以配燕窝,是因为符合以柔配柔、以白配白的原则。但是用最便宜的豆芽去搭配最昂贵的燕窝,这种搭配常被人讥笑。其实,人们不知道的是巢父和许由这样的隐士,正可以配得上尧、舜这等圣人。

茭

茭白炒肉[1]、炒鸡俱可。切整段,酱、醋炙之,尤佳。煨肉亦佳。须切片,以寸为度。初出太细者无味。

〔注释〕

①茭白:我国特有的水生蔬菜,古人称为"菰"(gū)。

〔译文〕

用茭白炒肉、炒鸡都可以。把茭白切成整段,用酱、醋清炒,味道特别好。茭白煨肉也很不错,但必须切成片,一寸长短就好。刚长出来的太细嫩的茭白没有味道。

青 菜

青菜择嫩者,笋炒之。夏日芥末拌,加微醋,可以醒胃。加火腿片,可以作汤。亦须现拔者才软。

〔译文〕

选择鲜嫩的青菜,与笋一起炒。夏天用芥末凉拌,稍稍加点醋,可以开胃。也可以加些火腿片做汤。但必须是现拔出来的青菜才软嫩。

台　菜

炒台菜心最懦[1]，剥去外皮，入蘑菇、新笋作汤。炒食加虾肉，亦佳。

〔注释〕

①懦(nuò)：柔软。

〔译文〕

炒台菜心非常柔软，剥去外皮，放入蘑菇、新笋做成汤。或者加上虾肉炒着吃也很好。

白　菜

白菜炒食，或笋煨亦可。火腿片煨、鸡汤煨俱可。

〔译文〕

白菜炒着吃，或者和笋一起煨焖也可以。把白菜用火腿片或鸡汤煨也可以。

黄芽菜[1]

此菜以北方来者为佳。或用醋搂，或加虾米煨之，一熟便吃,迟则色、味俱变。

〔注释〕

①黄芽菜:其实就是大白菜,是指大白菜里边没有见阳光菜叶绿色较淡而呈现出淡黄色,所以有此称呼。

〔译文〕

黄芽菜是北方运过来的好吃。或者用醋溜,或者加虾米煨煮,煮熟就吃,稍微迟了颜色和味道都会变。

瓢儿菜[1]

炒瓢菜心,以干鲜无汤为贵。雪压后更软。王孟亭太守家,制之最精。不加别物,宜用荤油。

〔注释〕

①瓢儿菜:即油塌菜,油菜的一种。主要产于长江流域,经霜雪后味甜鲜美。

〔译文〕

炒瓢菜心,要点是干、鲜、无汤。下雪后经雪打过的菜炒出来更加软嫩。王孟亭太守家这道菜做得最好。不用放其他的配料,但最好用荤油炒。

菠　菜

菠菜肥嫩，加酱水、豆腐煮之。杭人名“金镶白玉板”是也。如此种菜虽瘦而肥，可不必再加笋尖、香蕈。

〔译文〕

菠菜又肥又嫩，加酱水、豆腐一起煮着吃。杭州人称之为“金镶白玉板”。这种菜虽然长得细长但叶片肥嫩，因此不用再另加笋尖、香菇来搭配。

蘑　菇

蘑菇不止作汤，炒食亦佳。但口蘑最易藏沙，更易受霉，须藏之得法，制之得宜。鸡腿蘑便易收拾[①]，亦复讨好。

〔注释〕

①鸡腿蘑：蘑菇的一种，肉质细嫩，鲜美可口，其形如鸡腿，故名。

〔译文〕

蘑菇不仅可以做汤，炒着吃也很好。但口蘑最容易夹藏泥沙，而且还很容易霉变，必须储藏得法，烹制得当。鸡腿蘑就容易收拾多了，也很容易做出美味的菜肴。

松　菌

松菌加口蘑炒最佳。或单用秋油泡食，亦妙。惟不便久留耳，置各菜中，俱能助鲜。可入燕窝作底垫，以其嫩也。

〔译文〕

松茸和口蘑一起炒最好吃。或者单独用酱油泡着吃，也很好。只是不能长时间保存，把它和其他菜搭配，都能增加菜肴的鲜味。因为它比较鲜嫩，还可以垫到盘底做燕窝的搭配菜。

面筋二法①

一法面筋入油锅炙枯，再用鸡汤、蘑菇清煨。一法不炙，用水泡，切条入浓鸡汁炒之，加冬笋、天花②。章淮树观察家，制之最精。上盘时宜毛撕③，不宜光切。加虾米泡汁，甜酱炒之，甚佳。

〔注释〕

①面筋：食品名，用面粉加水拌和，洗去其中所含的淀粉，剩下凝结成团富有黏性的混合蛋白质就是面筋。

②天花：即天花菜，又名天花蕈。山西五台山地区出产的食用蘑菇，形状像松花，有香味，白色。

③毛撕：粗略地撕开。

〔译文〕

面筋的做法，一种是把面筋放到油锅中炸焦，再用鸡汤、蘑菇清煨。一种是不炸，先用水泡，切成条加浓鸡汁炒，炒时再加入冬笋、天花菜等。章淮树观察家做的这道菜最好吃。上盘时粗略地撕开，不要用刀切。加入虾米泡汁后，放些甜酱炒，也很好。

茄二法

吴小谷广文家[①]，将整茄子削皮，滚水泡去苦汁，猪油炙之。炙时须待泡水干后，用甜酱水干煨，甚佳。卢八太爷家，切茄作小块，不去皮，入油灼微黄，加秋油炮炒，亦佳。是二法者，俱学之而未尽其妙，惟蒸烂划开，用麻油、米醋拌，则夏间亦颇可食。或煨干作脯，置盘中。

〔注释〕

①广文：明清时称教官为广文。

〔译文〕

吴小谷广文家，把整个茄子削去皮，用开水泡去苦汁，放到猪油里炸。要等泡过水的茄子晾干再炸，然后用甜酱水干煨，非常好吃。卢八太爷家则把茄子切作小块，不削皮，入油锅慢慢煎到微黄，然后加入酱油大火爆炒，也很好吃。这两种做法，我都学过，但都没能学到精髓。只会将茄子蒸烂划开，用麻油、米醋拌着吃，在夏天吃也很不错。或直接煨干做成茄脯，放到盘中。

苋 羹

苋须细摘嫩尖，干炒，加虾米或虾仁，更佳。不可见汤。

〔译文〕

炒苋菜要选择摘取细小的嫩尖，然后干炒。如果能加点虾米或虾仁，就更好了。注意不能炒出汤汁。

芋 羹

芋性柔腻，入荤入素俱可。或切碎作鸭羹，或煨肉，或同豆腐加酱水煨。徐兆瑝明府家，选小芋子，入嫩鸡煨汤，妙极！惜其制法未传。大抵只用作料，不用水。

〔译文〕

芋头本性柔腻，配荤菜、配素菜都可以。也有人把芋头切碎放到鸭肉里做鸭羹，或者将芋头拿来煨肉，也有的人将芋头和豆腐放在一起，加酱水煨煮。徐兆瑝明府家，选小芋头和小嫩鸡一起煨汤，味道非常好！可惜这种做法没有流传下来。大概是只放佐料，不用加水。

豆腐皮

将腐皮泡软，加秋油、醋、虾米拌之，宜于夏日。蒋侍郎家入海参用，颇妙。加紫菜、虾肉作汤，亦相宜。或用蘑菇、笋煨清汤，亦佳，以烂为度。芜湖敬修和尚，将腐皮卷筒切段，油中微炙，入蘑菇煨烂，极佳。不可加鸡汤。

〔译文〕

先将豆腐皮泡软，加适量的酱油、醋、虾米拌着吃，适合夏天食用。蒋侍郎家的做法，是在豆腐皮中加入海参，味道很好。将豆腐皮加紫菜、虾肉做汤，也好吃。或者豆腐皮加入蘑菇、笋一起煨清汤也好，注意要煨烂。芜湖的敬修和尚，将豆腐皮卷成筒切段，放到油锅中微炸，然后再放入蘑菇煨煮到烂熟，十分好吃。注意不可以加鸡汤。

扁　豆

取现采扁豆，用肉、汤炒之，去肉存豆。单炒者油重为佳。以肥软为贵。毛糙而瘦薄者，瘠土所生，不可食。

〔译文〕

将现摘的新鲜扁豆，用肉和汤一起炒，炒熟后去肉，只留下扁豆。单独炒扁豆的话，要多加油。挑选扁豆时，要选肥嫩的。毛糙而瘦薄的扁豆，是贫瘠土地上出产的，不好吃。

瓠子[1]、王瓜

将鲆鱼切片先炒[2]，加瓠子，同酱汁煨。王瓜亦然。

〔注释〕

①瓠(hù)子：即瓠瓜，嫩时柔软多汁，可炒着吃或者做汤。

②鲆(huàn)鱼：即鲩鱼，也就是草鱼。

〔译文〕

先把草鱼切片炒一下，然后加瓠子，用酱汁煨煮。王瓜也可以这样做。

煨木耳、香蕈

扬州定慧庵僧，能将木耳煨二分厚，香蕈煨三分厚。先取蘑菇熬汁为卤。

〔译文〕

扬州定慧庵的僧人，能将木耳煨成二分厚，香菇煨成三分厚。方法是先取蘑菇熬汁成卤。

冬　瓜

冬瓜之用最多。拌燕窝、鱼肉、鳗、鳝、火腿皆可。扬州定慧庵所制尤佳。红如血珀①,不用荤汤。

〔注释〕

①血珀:血红色的琥珀。

〔译文〕

冬瓜的用处最多。搭配拌燕窝、鱼肉、鳗、鳝、火腿都可以。扬州定慧庵做得特别好。冬瓜能做出像血珀一样的红艳而透明的效果,注意不要加入荤汤。

煨鲜菱

煨鲜菱,以鸡汤滚之。上时将汤撤去一半。池中现起者才鲜,浮水面者才嫩。加新栗、白果煨烂,尤佳。或用糖亦可,作点心亦可。

〔译文〕

煨煮鲜菱角,要用鸡汤。临上菜时将汤撤去一半。菱角是从池塘中现捞的才新鲜,浮在水面上的菱角才够嫩。将新鲜的菱角加上新栗子和白果一起煨煮至烂熟,特别好吃。或者加入糖煨煮也行,做点心也可以。

豇 豆

豇豆炒肉，临上时，去肉存豆。以极嫩者，抽去其筋。

〔译文〕

豇豆炒肉，将要端上桌时，把肉挑去只留豇豆在盘中。豇豆要吃非常嫩的，炒之前要把边筋摘去。

煨三笋

将天目笋、冬笋、问政笋①，煨入鸡汤，号“三笋羹”。

〔注释〕

①天目笋：杭州天目山出产的竹笋。问政笋：安徽歙县问政山所产的竹笋。

〔译文〕

将天目笋、冬笋、问政笋一起用鸡汤煨煮，称作“三笋羹”。

芋煨白菜

芋煨极烂，入白菜心，烹之，加酱水调和，家常菜之最佳者。惟白菜须新摘肥嫩者，色青则老，摘久则枯。

〔译文〕

先把芋头煨到极烂，再放入白菜心一起煮，加酱水调和，这是最好的家常菜。只是白菜一定是用新鲜采摘的肥嫩的，颜色发青的就是老的，摘下时间长也会干枯，这种都不能用。

香珠豆

毛豆至八九月间晚收者，最阔大而嫩，号“香珠豆”。煮熟以秋油、酒泡之。出壳可，带壳亦可，香软可爱。寻常之豆，不可食也。

〔译文〕

八九月间晚收的毛豆，豆粒肥大鲜嫩，被称为“香珠豆”。将豆煮熟以后用酱油、酒浸泡。剥壳泡也行，带壳泡也行，香软好吃。与这种豆子相比，普通的豆子，不值得一吃。

马　兰[①]

马兰头菜，摘取嫩者，醋合笋拌食。油腻后食之，可以醒脾。

〔注释〕

①马兰：即马兰头菜，菊科，多年生草本植物，幼嫩的地上茎叶可以吃。

〔译文〕

马兰头菜，摘取嫩的茎叶，加入醋配笋拌着吃。吃了油腻食物之后吃它，可以醒脾胃。

杨花菜

南京三月有杨花菜，柔脆与菠菜相似，名甚雅。

〔译文〕

南京三月间所出产的杨花菜，像菠菜一样柔软脆嫩，菜名也十分雅致。

问政笋丝

问政笋，即杭州笋也。徽州人送者[1]，多是淡笋干，只好泡烂切丝，用鸡肉汤煨用。龚司马取秋油煮笋，烘干上桌，徽人食之，惊为异味。余笑其如梦之方醒也。

〔注释〕

①徽州：今安徽歙县。

〔译文〕

问政笋，就是杭州笋。徽州人送给别人的，大多是淡笋干，吃的时候只好用水先泡软之后切丝，再用鸡汤煨煮才能吃。龚司马拿酱油煮笋,然后烘干后上桌,徽州人吃了,惊叹这道菜的味道独特。我笑他们简直是如梦方醒。

炒鸡腿蘑菇

芜湖大庵和尚,洗净鸡腿蘑菇去沙,加秋油、酒炒熟,盛盘宴客,甚佳。

〔译文〕

芜湖大庵和尚,把鸡腿蘑菇洗净去沙,加上酱油、酒炒熟。盛到盘中宴请客人,非常好。

猪油煮萝卜

用熟猪油炒萝卜,加虾米煨之,以极熟为度。临起加葱花,色如琥珀。

〔译文〕

先用熟猪油炒萝卜,再加入虾米煨煮,煮到特别熟烂。临起锅时撒上葱花,颜色像琥珀一样漂亮。

小菜单

〔**题解**〕

中餐中的小菜是和大菜、主食并列而存在的，其存在的意义就在于它的佐餐功能，如袁枚所说是醒脾胃、解油腻的。小菜的"小"，顾名思义，一个是盘小量少，一个是花心思小，选材灵活，用料简单，做菜剩下的边角料简单处理一下，就可以做成小菜。但这并不是说小菜就没什么价值，大宴会上的压桌菜、早餐桌上的下粥小菜，也都是不可或缺的，而且有时小菜更能见司厨用心之巧。袁枚在这部分说明里，说小菜是做辅佐用的，但事实上从他对这一部分菜品的记录上来看，有些小菜的制作是非常精致而费工夫的，可见袁枚对饮食的认真态度。

小菜佐食，如府史胥徒佐六官也①。醒脾解浊，全在于斯。作《小菜单》。

〔**注释**〕

①府：古代管理财货或文书的官吏。史：下级佐史，地方官署内掌管法典和记事的官吏。胥徒：泛指官府衙役。六官：即六卿之官，隋唐后中

央政权置吏、户、礼、兵、刑、工六部,六部的尚书,总称为六官。

〔译文〕

小菜是用来辅助进餐的,就像官府衙门中的小官辅佐大官一样。小菜的作用在于减轻脾胃负担,去除体内污浊油腻。所以作《小菜单》。

笋 脯

笋脯出处最多,以家园所烘为第一。取鲜笋加盐煮熟,上篮烘之。须昼夜环看,稍火不旺则溲矣[①]。用清酱者,色微黑。春笋、冬笋皆可为之。

〔注释〕

①溲:通"馊"。饭菜变质发出的一种酸臭味。

〔译文〕

制作笋脯的地方很多,以我们随园里烤烘出来的为最好。取新鲜竹笋加盐煮熟后,上篮烤烘。制作的时候,需要昼夜不停地来回查看,如果火稍微不旺笋就会变质。加入清酱的竹笋,颜色会微微变黑。冬笋、春笋都可以制作笋脯。

天目笋

天目笋多在苏州发卖。其篓中盖面者最佳,下二寸便搀入老根硬节矣。须出重价，专买其盖面者数十条，如集狐成腋之义[①]。

〔注释〕

①集狐成腋：应为"集腋成裘"之误，语出《慎子·知忠》。比喻积少成多。腋，指狐狸腋下的毛皮。

〔译文〕

天目笋多在苏州市面上发卖。放在篓中的天目笋，表面的那一层质量最好，二寸以下的就掺进了一些老根和硬节的笋。必须花高价，买放在篓最上面一层的那几十条笋，多买几次集腋成裘。

玉兰片[①]

以冬笋烘片，微加蜜焉。苏州孙春杨家有盐、甜二种，以盐者为佳。

〔注释〕

①玉兰片：用鲜嫩的冬笋或春笋制成的笋干，因其外形色泽像玉兰花的花瓣，故名。

〔译文〕

用冬笋烘烤，加一点点蜂蜜。苏州孙春杨家有咸味、甜味两种玉兰片，咸味的比较好。

素火腿

处州笋脯[1]，号"素火腿"，即处片也。久之太硬，不如买毛笋自烘之为妙。

〔注释〕

①处州：今浙江丽水。

〔译文〕

处州出产的笋脯，被称为"素火腿"，也就是处片。放久了会变得又干又硬，还不如买毛笋自己烘制。

宣城笋脯[1]

宣城笋尖，色黑而肥，与天目笋大同小异，极佳。

〔注释〕

①宣城：今安徽宣城。

〔译文〕

宣城出产的笋尖，颜色黑却肥厚，和天目笋大同小异，非常好。

人参笋

制细笋如人参形，微加蜜水。扬州人重之，故价颇贵。

〔译文〕

把细笋制作成人参的形状，制作的时候稍稍加一点蜂蜜水。扬州人特别看重这种笋，所以售价很高。

笋　油

笋十斤，蒸一日一夜，穿通其节，铺板上，如作豆腐法，上加一板压而榨之，使汁水流出，加炒盐一两，便是笋油。其笋晒干仍可作脯。天台僧制以送人。

〔译文〕

十斤笋，蒸一天一夜，把蒸好的笋穿通笋节，铺在木板上，像做豆腐一样，上面加木板压榨，将笋压出汁水，压出的笋汁加入一两炒盐，便成为笋油。压榨过的笋晒干后仍可以作笋脯。天台僧人常用这种方法制作笋油送人。

糟　油

糟油出太仓州[①]，愈陈愈佳。

〔注释〕

①太仓州:明清时期江苏太仓地区的行政区名称,隶属于苏州府。

〔译文〕

糟油出产自江苏的太仓州,越是陈年的糟油品质越好。

虾　油

买虾子数斤,同秋油入锅熬之,起锅用布沥出秋油,乃将布包虾子,同放罐中盛油。

〔译文〕

买几斤虾,加上酱油放到锅中熬煮,起锅时用布先沥出酱油,再用布把虾包好,将酱油和包好的虾一起用罐装起来。

喇虎酱

秦椒捣烂[①],和甜酱蒸之,可用虾米搀入。

〔注释〕

①秦椒:是辣椒中的佳品,素有"椒中之王"的美称,颜色鲜红,辣味浓郁。因产于陕西的八百里秦川,故名。

〔译文〕

把秦椒捣烂和甜酱一起蒸熟,还可以加一些虾米提鲜。

熏鱼子

熏鱼子色如琥珀,以油重为贵。出苏州孙春杨家。愈新愈妙,陈则味变而油枯。

〔译文〕

熏鱼子的颜色像琥珀一样,以油多的为上品。出自苏州孙春杨家。越新鲜越好吃,时间一长,味道变了,油也挥发没了。

腌冬菜、黄芽菜

腌冬菜[①]、黄芽菜,淡则味鲜,咸则味恶。然欲久放,则非盐不可。常腌一大坛,三伏时开之,上半截虽臭、烂,而下半截香美异常,色白如玉。甚矣!相士之不可但观皮毛也。

〔注释〕

①冬菜:即冬季的菜,以大白菜为主。

〔译文〕

腌制的冬菜、黄芽菜,淡一些味道鲜美,咸一些味道就不好。但是要想长时间存放,就非得多放盐不可。我曾经腌过一大坛,到三伏天的时候打开,上半坛虽然臭烂了,下半坛却又香又好看,颜色白得像玉。真奇异!正如看人不能只看其外表。

莴 苣

食莴苣有二法:新酱者,松脆可爱;或腌之为脯,切片食甚鲜。然必以淡为贵,咸则味恶矣。

〔译文〕

吃莴苣有两种方法:刚刚酱渍的莴苣,松脆可口;如果腌制成菜脯,切片吃也很鲜嫩。但是一定注意要淡一些,味道咸了就不好吃了。

香干菜

春芥心风干,取梗淡腌,晒干,加酒、加糖、加秋油,拌后再加蒸之,风干入瓶。

〔译文〕

把春芥心风干,摘取春芥心的梗稍微加点盐腌制,晒干,加入酒、糖、酱油,拌匀以后再蒸熟,风干之后放入瓶中储存。

冬 芥

冬芥名雪里红。一法整腌,以淡为佳;一法取心风干,斩碎,腌入瓶中,熟后杂鱼羹中,极鲜。或用醋煨,入锅中作辣菜亦可,煮鳗、煮鲫鱼最佳。

〔译文〕

冬芥又叫雪里红。一种做法是整棵腌制，要少用盐，保持口味清淡为好；一种做法是选用菜心风干，切碎，放到瓶里腌，腌好后放到鱼羹中吃，味道十分鲜美。或者加醋煨煮，也可以放到锅里作辣菜，煮鳗鱼、鲫鱼时放里面调味最好吃。

春 芥

取芥心风干，斩碎，腌熟入瓶，号称“挪菜”。

〔译文〕

把芥菜心风干，切碎，腌熟后放到瓶里，被称为“挪菜”。

芥 头

芥根切片，入菜同腌，食之甚脆。或整腌，晒干作脯，食之尤妙。

〔译文〕

把芥菜头切片，放到芥菜中一起腌，口感十分爽脆。或者用整棵芥菜腌制，晒干后做脯更好吃。

芝麻菜

腌芥晒干，斩之碎极，蒸而食之，号“芝麻菜”。老人所宜。

〔译文〕

腌好的芥菜晒干后，切成碎末，蒸熟后吃，被称为“芝麻菜”。这种做法适合老人吃。

腐干丝

将好腐干切丝极细，以虾子、秋油拌之。

〔译文〕

将上好的豆腐干切成极细的丝，用虾子、酱油拌着吃。

风瘪菜

将冬菜取心风干，腌后榨出卤，小瓶装之，泥封其口，倒放灰上。夏食之，其色黄，其臭香。

〔译文〕

把冬菜心取出来风干，腌制后挤出卤汁，将菜心放到小瓶里装好，用泥封好瓶口，倒放在灰上。这种菜夏天吃的时候，颜色嫩黄,气味清香。

糟 菜

取腌过风瘪菜,以菜叶包之,每一小包,铺一面香糟,重叠放坛内。取食时,开包食之,糟不沾菜,而菜得糟味。

〔译文〕

取腌好的风瘪菜,用菜叶包裹,每一小包铺上一层香糟,层层码放在坛子里。吃的时候,打开菜叶包的小包取菜,糟不会沾到菜上,而菜却有了糟香味。

酸 菜

冬菜心风干微腌,加糖、醋、芥末,带卤入罐中,微加秋油亦可。席间醉饱之余,食之醒脾解酒。

〔译文〕

把冬菜心风干后稍稍腌一下,加入糖、醋、芥末,连腌的卤汁一起放到罐子里,加上一点酱油也行。宴席吃得酒足饭饱的时候,吃这道小菜可以醒脾解酒。

台菜心

取春日台菜心腌之，榨出其卤，装小瓶之中，夏日食之。风干其花，即名菜花头，可以烹肉。

〔译文〕

把春天的台菜心腌制后，挤出卤汁，将台菜心装到小瓶里，夏天吃。风干台菜的花，也就是菜花头，可以用来炖肉。

大头菜

大头菜出南京承恩寺，愈陈愈佳。入荤菜中，最能发鲜。

〔译文〕

大头菜出产自南京的承恩寺，越陈品质越好。放到荤菜中搭配着吃，最能激发出它的鲜味儿。

萝　卜

萝卜取肥大者，酱一二日即吃，甜脆可爱。有侯尼能制为鲞①，煎片如蝴蝶，长至丈许，连翩不断，亦一奇也。承恩寺有卖者，用醋为之，以陈为妙。

〔注释〕

①鲞(xiǎng):腌制或加工精制的食品。

〔译文〕

选取肥大的萝卜,腌酱一两天就能吃,味道甜脆可口。有一位姓侯的尼姑能将萝卜做成萝卜鲞,煎的时候萝卜片像蝴蝶的形状,能连缀一丈多长,像一串翩翩起舞的蝴蝶,也是一个奇观。承恩寺有卖萝卜的,用醋腌制,腌的时间越长越好吃。

乳 腐[①]

乳腐,以苏州温将军庙前者为佳,黑色而味鲜,有干、湿二种。有虾子腐亦鲜,微嫌腥耳。广西白乳腐最佳。王库官家制亦妙。

〔注释〕

①乳腐:即腐乳。

〔译文〕

腐乳,以苏州温将军庙前出产的最好,颜色黑而且味道鲜美,有干、湿两种。有一种虾子腐乳也很鲜美,只是稍微有点腥味。广西的白腐乳最好吃。王库官家制作的也很好吃。

酱炒三果

核桃、杏仁去皮，榛子不必去皮。先用油炮脆，再下酱，不可太焦。酱之多少，亦须相物而行。

〔译文〕

把核桃、杏仁去皮，榛子不用去皮。先用油将这三种干果炸脆，再放入酱炒，不能炒得太焦。用酱的多少，根据原料数量决定。

酱石花[①]

将石花洗净入酱中，临吃时再洗。一名麒麟菜。

〔注释〕

①石花：即石花菜，又叫“琼脂”，属于红藻植物，呈现出紫红色，口感爽利脆嫩，既可拌凉菜，也能制作凉粉。

〔译文〕

把石花菜洗干净放到酱里腌渍，吃的时候再把酱洗去。又叫麒麟菜。

石花糕

将石花熬烂作膏，仍用刀划开，色如蜜蜡。

〔译文〕

把石花菜熬烂作成膏状，吃的时候用刀划开，颜色像蜜蜡一样。

小松菌

将清酱同松菌入锅滚熟，收起，加麻油入罐中。可食二日，久则味变。

〔译文〕

把清酱同小松菌一起放入锅中煮熟，收汁起锅，加入麻油一起放到罐中。可以吃两天，时间再长就会变味了。

吐　蛈[1]

吐蛈出兴化、泰兴。有生成极嫩者，用酒酿浸之，加糖则自吐其油。名为泥螺，以无泥为佳。

〔注释〕

①吐蛈(tiě)：即泥螺，软体动物。可以腌渍，味道很好。

〔译文〕

吐蛈出产自江苏的兴化、泰兴地区。有初生的非常嫩的吐蛈，用甜酒酿浸泡，加糖以后它就会自己吐油。吐蛈又叫泥螺，但是没有泥的才是品质好的。

海　蜇

用嫩海蜇，甜酒浸之，颇有风味。其光者名为白皮，作丝，酒、醋同拌。

〔译文〕

把鲜嫩的海蜇放到甜酒里浸泡，有独特的风味。海蜇表皮比较光滑的叫白皮，把白皮切成丝，可以用酒和醋拌着吃。

虾子鱼

虾子鱼出苏州。小鱼生而有子。生时烹食之，较美于鲞。

〔译文〕

虾子鱼出产自苏州。小鱼生下来就有鱼子。鲜活的鱼直接做着吃，比鱼干好吃。

酱　姜

生姜取嫩者微腌，先用粗酱套之[①]，再用细酱套之，凡三套而始成。古法用蝉退一个入酱[②]，则姜久而不老。

〔注释〕

①套:这里指将酱糊在生姜上进行腌制。

②蝉退:即蝉蜕,蝉自幼虫变为成虫时脱下的壳,可入药。

〔译文〕

取嫩的生姜稍腌,先用粗酱腌,再用细酱腌,一共要腌三次。古法有用一个蝉蜕加入酱中,姜就可以长期保存,并保持鲜脆细嫩。

酱　瓜

将瓜腌后,风干入酱,如酱姜之法。不难其甜,而难其脆。杭州施鲁箴家,制之最佳。据云:酱后晒干又酱,故皮薄而皱,上口脆。

〔译文〕

将瓜腌制后,风干放入酱中再继续腌,就像酱姜的方法。要保持瓜的甜度不难,但要它保持脆嫩的口感却比较困难。杭州施鲁箴家,所做的酱瓜最好。据他家传授的经验是:酱后晒干再酱一次,所以皮薄而且起皱,这样才会香脆可口。

新蚕豆

新蚕豆之嫩者,以腌芥菜炒之,甚妙。随采随食方佳。

〔译文〕

选取鲜嫩的蚕豆，用腌好的芥菜一起炒，非常好吃。蚕豆要随时采随时做了吃才最好。

腌　蛋

腌蛋以高邮为佳[①]，颜色红而油多。高文端公最喜食之[②]。席间先夹取以敬客。放盘中，总宜切开带壳，黄、白兼用；不可存黄去白，使味不全，油亦走散。

〔注释〕

①高邮：今江苏高邮。

②高文端公：高晋，字昭德，清朝乾隆时期的治河名臣，官至礼部尚书、漕运总督。谥号“文端”。

〔译文〕

腌蛋以高邮出产的最好，颜色红而且油多。高文端公最喜欢吃高邮的腌蛋。宴席的时候他总是先夹取腌蛋来敬客人。腌蛋放在盘中，一般是带壳切开，蛋黄蛋白一起吃；不能只留蛋黄去掉蛋白，否则味道就不够全面，蛋油也容易流失。

混　套

将鸡蛋外壳，微敲一小洞，将清、黄倒出，去黄用清，加浓鸡卤煨就者拌入，用箸打良久，使之融化。仍装入蛋壳中，上用纸封好，饭锅蒸熟，剥去外壳，仍浑然一鸡卵。此味极鲜。

〔译文〕

把鸡蛋外壳轻轻敲开一个小洞，将蛋清、蛋黄倒出，去掉蛋黄，保留蛋清，把煨好的浓鸡汁拌到蛋清里，用筷子搅打，使浓鸡汤和蛋清完全融合。将混合液再装回蛋壳中，用纸封好蛋壳上的小洞，料理好的鸡蛋放在饭锅上蒸熟，吃的时候剥去外壳，依旧像一只完整的鸡蛋。这种做法味道极鲜。

茭瓜脯①

茭瓜入酱，取起风干，切片成脯，与笋脯相似。

〔注释〕

①茭瓜：即茭白。

〔译文〕

把茭瓜放到酱中腌制，取出风干，切成片制成脯，味道和笋脯比较像。

牛首腐干

豆腐干以牛首僧制者为佳①。但山下卖此物者有七家，惟晓堂和尚家所制方妙。

〔注释〕

①牛首僧：牛首山的僧人。牛首，牛首山，在今南京江宁区，是佛教名山。

〔译文〕

豆腐干以牛首山的僧人做得最好。但是山下卖豆腐干的有七家，只有晓堂和尚家做得最好。

酱王瓜

王瓜初生时，择细者腌之入酱，脆而鲜。

〔译文〕

王瓜刚长出来时，选择细小的放到酱里腌，腌出来王瓜口感脆嫩而鲜香。

点心单

〔题解〕

点心，是正餐之外的小零食。点心的历史由来已久，相传是东晋时期的一位大将军为了慰劳将士，将民间喜爱的美味糕饼送往前线，以表“点点心意”，因而被称为“点心”。传说无从考证，《食单》则称南朝梁昭明太子喜欢把点心当作小吃。但真正有文献记载的点心，是在唐代。经千年的发展，点心的品种也越来越多。袁枚在这里记录了五十五条，包括面点、饼点、糕点、饺子、馄饨等很多类别，其中有些今已失传。

梁昭明以点心为小食①，郑傪嫂劝叔“且点心”②，由来旧矣。作《点心单》。

〔注释〕

①梁昭明：南朝梁武帝之长子萧统，谥号“昭明”。

②郑傪（cān）：清代乾隆朝进士，广安人。礼贤下士，惠人爱民。

〔译文〕

梁朝昭明太子认为点心是小吃，郑傪的妻子也劝小叔暂且吃点点心，可知“点心”一词由来已久。因此作《点心单》。

鳗　面

大鳗一条蒸烂，拆肉去骨，和入面中，入鸡汤清揉之，擀成面皮，小刀划成细条，入鸡汁、火腿汁、蘑菇汁滚。

〔译文〕

把一条大鳗鱼蒸烂，拆下肉剔去鱼刺，把肉和入面中，加适量鸡汤揉匀，擀成面皮，再用小刀切成细条，放入鸡汁、火腿汁、蘑菇汁煮熟。

温　面

将细面下汤沥干，放碗中，用鸡肉、香蕈浓卤，临吃，各自取瓢加上。

〔译文〕

将细面条放到汤中滚熟，沥干水分，放到碗中，用鸡肉和香菇做成浓卤汁，临吃的时候，将卤浇到煮好的面条上。

鳝　面

熬鳝成卤，加面再滚。此杭州法。

〔译文〕

把鳝鱼肉熬煮成卤汁，加入面条再滚煮到面熟。这是杭州的做法。

裙带面

以小刀截面成条，微宽，则号“裙带面”。大概作面，总以汤多为佳，在碗中望不见面为妙。宁使食毕再加，以便引人入胜。此法扬州盛行，恰甚有道理。

〔译文〕

用小刀把面裁切成条，稍微宽一点，被称为“裙带面”。一般认为煮面的汤汁要多才好，多到看不见碗中的面是最好的。宁愿面吃完了不够再加，也要用这种方法勾起人们吃面的食欲。这种做法在扬州十分盛行，也似乎很有道理。

素　面

先一日将蘑菇蓬熬汁，定清；次日将笋熬汁，加面滚上。此法扬州定慧庵僧人，制之极精，不肯传人。然其大概亦可仿求。其纯黑色的，或云暗用虾汁、蘑菇原汁。只宜澄去泥沙，不重换水，一换水则原味薄矣。

〔译文〕

提前一天用蘑菇头熬汁，把汁澄清；第二天把笋也熬出汁，把面加到蘑菇汁和笋汁混合的汤料中烧煮。此种做法，扬州定慧庵的僧人做得最精美，但不肯把这个方法传授给别人。不过这种做法是可以模仿个大概的。那纯黑色的混合卤汁，有的人认为是暗中放了虾汁、蘑菇原汁。这道菜的要点是，蘑菇汁只要澄清泥沙就可以了，不要换水，一换水原味就淡薄了。

蓑衣饼

干面用冷水调，不可多。揉擀薄后，卷拢再擀薄了，用猪油、白糖铺匀，再卷拢擀成薄饼，用猪油熯黄。如要盐的，用葱、椒、盐亦可。

〔译文〕

把干面粉用冷水和成面团，不要加太多水。揉好后擀薄，把薄片卷拢后再擀薄，把猪油、白糖均匀地铺在面上，再卷拢后擀成薄饼，然后用少量猪油煎黄。如果要吃咸口的，把白糖换成葱、椒、盐就行了。

虾　饼

生虾肉，葱、盐、花椒、甜酒脚少许，加水和面，香油灼透。

〔译文〕

把生虾肉加上少许葱、盐、花椒、甜酒渣。再加水和面，擀成饼，香油煎炸透就行了。

薄　饼

山东孔藩台家制薄饼①，薄若蝉翼，大若茶盘，柔腻绝伦。家人如其法为之，卒不能及，不知何故。秦人制小锡罐②，装饼三十张。每客一罐。饼小如柑。罐有盖，可以贮。馅用炒肉丝，其细如发。葱亦如之。猪、羊并用，号曰"西饼"。

〔注释〕

①藩台：官职名，明清时主管人事财务的布政使司的别称，也叫藩司。

②秦人：陕西人的简称。

〔译文〕

山东孔藩台家做的薄饼，薄得像蝉翼，有茶盘那么大，吃起来柔滑细腻无比。家里人按照孔家做薄饼的方法烹制，始终不如孔家做得好，不知是什么原因。陕西人会做一种小锡罐，孔藩台家所做的薄饼，这种小锡罐可以装下三十张。每位客人发一罐。饼团起来就像一只柑橘一样大小，锡罐配有盖子，可以贮存饼。卷饼的馅料，可以用炒肉丝，能炒得细如发丝，葱也一样。还可以猪肉、羊肉一起用，又被称为“西饼”。

松饼

南京莲花桥教门方店最精。

〔译文〕

南京莲花桥的教门方店，制作的松饼最好吃。

面老鼠

以热水和面，俟鸡汁滚时，以箸夹入，不分大小。加活菜心，别有风味。

〔译文〕

用热水和面，等到锅里的鸡汤煮沸时，用筷子一点一点地将和好的面夹入沸鸡汤中，不用管夹的面块儿的大小。汤里加入新鲜菜心，别有一番风味。

颠不棱即肉饺也[1]

糊面摊开，裹肉为馅蒸之。其讨好处，全在作馅得法，不过肉嫩、去筋、作料而已。余到广东，吃官镇台颠不棱[2],甚佳。中用肉皮煨膏为馅,故觉软美。

〔注释〕

①颠不棱:应该是英语“dumpling”饺子的音译,所以作者自己加了个注释“肉饺”。

②镇台:清代对总兵的敬称。官镇台:即当时在广东任总兵的官福。

〔译文〕

把面皮擀薄摊开,包裹上肉馅蒸熟。这种做法最令制作者得意的地方,全在于做馅的方法,不过是肉要嫩、要去筋、佐料添加适宜罢了。我到广东,在官镇台大人家吃肉饺,特别好吃。秘诀是用肉皮煨煮成膏脂调馅,所以包好的饺子口感软嫩鲜美。

肉馄饨

作馄饨,与饺同。

〔译文〕

做馄饨的方法和做饺子的一样。

韭　合

韭菜切末拌肉,加作料,面皮包之,入油灼之。面内加酥更妙。

〔译文〕

把韭菜切成细末与肉馅混合搅拌，加上佐料，然后用面皮包好，放到油锅中煎炸。如果在和面的时候往面里加点酥油就更好吃了。

糖饼又名面衣

糖水溲面[1]，起油锅令热，用箸夹入；其作成饼形者，号“软锅饼”。杭州法也。

〔注释〕

①溲（sōu）：以液体调和粉状物。

〔译文〕

用糖水和面，把油锅烧热，用筷子把和好的面夹入热油中煎炸；做成饼形的，就叫作“软锅饼”。这是杭州人的做法。

烧　饼

用松子、胡桃仁敲碎，加糖屑、脂油，和面炙之，以两面熯黄为度，面加芝麻。扣儿会做[1]，面罗至四五次[2]，则白如雪矣。须用两面锅，上下放火，得奶酥更佳。

〔注释〕

①扣儿:人名,袁枚的私人女厨师。

②罗:这里是动词,指用密孔筛子筛东西。

〔译文〕

把松子、胡桃仁敲碎,加上糖粉、猪油,和到面里,做成饼上锅煎,煎至两面金黄时撒上芝麻。厨娘扣儿会做,把面用密孔筛子筛四五次,颜色白得像雪一样。必须用两面锅,上下可以一起用火烤,如果面里放些奶酥就更好吃了。

千层馒头

杨参戎家制馒头[1],其白如雪,揭之如有千层。金陵人不能也。其法扬州得半,常州、无锡亦得其半。

〔注释〕

①参戎:明清武官参将,俗称"参戎"。

〔译文〕

杨参戎家做的馒头,白得像雪,掰开馒头,里边好像有千层。南京人做不出来。这种做法,一半来自扬州,另一半来自常州、无锡。

面　茶

熬粗茶汁，炒面兑入，加芝麻酱亦可，加牛乳亦可，微加一撮盐。无乳则加奶酥、奶皮亦可[1]。

〔注释〕

①奶皮：一种是将牛奶、马奶、羊奶放入器皿里存放一两天，发酵后，在表面形成一层薄皮，是做黄油的原料。另一种是将鲜奶熬开后放入器皿里放凉表面结成的薄奶皮，是做酥油的原料。这里当指后一种。

〔译文〕

熬粗茶汁，把炒好的面掺进去，再加点芝麻酱也可以，加点牛奶也可以，加少量的盐。没有牛奶，用奶酥、奶皮也可以。

杏　酪[1]

捶杏仁作浆，挍去渣，拌米粉，加糖熬之。

〔注释〕

①酪：用牛、羊、马等的乳汁炼制成的食品。有干、湿二种，干者成块，湿者为浆。

〔译文〕

捶打杏仁，使其出浆，滤去残渣，把米磨成粉拌进杏仁汁中，加入糖熬制。

粉　衣

如作面衣之法。加糖、加盐俱可，取其便也。

〔译文〕

做粉衣和做面衣的方法一样。加糖、加盐都可以，根据条件自己选做。

竹叶粽

取竹叶裹白糯米煮之。尖小，如初生菱角。

〔译文〕

用竹叶包裹白糯米放到水里煮。形状又尖又小，像刚刚长出来的菱角。

萝卜汤圆

萝卜刨丝滚熟，去臭气，微干，加葱、酱拌之，放粉团中作馅，再用麻油灼之。汤滚亦可。春圃方伯家制萝卜饼，扣儿学会，可照此法作韭菜饼、野鸡饼试之。

〔译文〕

把萝卜擦丝煮熟，去掉萝卜的臭气，把水沥干，加入葱、酱拌匀，放到粉团里当作馅，把包好馅的粉团用麻油炸。或者放在汤里煮熟也可以。这是春圃方伯家做的萝卜饼，扣儿学会了，还可以参照这种方法做韭菜饼、野鸡饼。

水粉汤圆[①]

用水粉和作汤圆，滑腻异常。中用松仁、核桃、猪油、糖作馅；或嫩肉去筋丝捶烂，加葱末、秋油作馅亦可。作水粉法，以糯米浸水中一日夜，带水磨之，用布盛接，布下加灰，以去其渣，取细粉晒干用。

〔注释〕

①水粉：即水磨糯米粉，清香、爽滑，可以做各种糯米粉制品。

〔译文〕

用水磨糯米粉和成做汤圆的面，非常滑腻。用松仁、核桃、猪油、糖作馅；或者把嫩肉去掉筋膜剁碎，加葱末、酱油作馅。做水磨糯米粉的方法是：把优质糯米先泡到水中一天一夜，然后连米带水一起磨，磨好的浆用布袋装起来，布袋下放上柴灰，吸去浆中的水分，最后把细粉晒干就可以用了。

脂油糕

用纯糯粉拌脂油，放盘中蒸熟，加冰糖捶碎，入粉中，蒸好用刀切开。

〔译文〕

用纯糯米粉拌上猪油，放到盘里蒸熟，再加上捣碎的冰糖，也撒到糯米粉中，继续蒸，蒸好后用刀切开。

雪花糕

蒸糯饭捣烂，用芝麻屑加糖为馅，打成一饼，再切方块。

〔译文〕

把蒸好的糯米饭捣烂，把芝麻研磨成碎屑加上糖做馅，做成一张大饼，再切成方块。

软香糕

软香糕，以苏州都林桥为第一，其次虎丘糕，西施家为第二，南京南门外报恩寺则第三矣。

〔译文〕

苏州都林桥做的软香糕堪称第一，其次是西施家所做的虎丘糕，南京南门外报恩寺作坊所做的是第三了。

百果糕

杭州北关外卖者最佳。以粉糯，多松仁、胡桃，而不放橙丁者为妙。其甜处非蜜非糖，可暂可久。家中不能得其法。

〔译文〕

杭州北关外卖的百果糕最好。吃起来口感粉糯，有很多松仁、胡桃，馅里不放橙丁的好吃。这种糕的甜味，既不是蜂蜜也不是糖，既可以现吃，也可以长期保存。家里的厨师没有学到制作的方法。

栗　糕

煮栗极烂，以纯糯粉加糖为糕蒸之，上加瓜仁、松子。此重阳小食也。

〔译文〕

把栗子煮到极软烂，加入纯糯米粉和糖一起蒸熟，糕上加瓜仁和松子。这是重阳节的小吃。

青糕、青团

捣青草为汁,和粉作粉团,色如碧玉。

〔译文〕

把青草捣烂挤出汁,和到糯米粉里做成团子,颜色像碧玉一样。

合欢饼

蒸糕为饭,以木印印之,如小珙璧状[①],入铁架熯之,微用油,方不粘架。

〔注释〕

①珙璧:古玉器,两手合抱的大璧。

〔译文〕

像蒸饭一样蒸糕,然后用木制的模子印成小珙璧的样子,放在铁架上微微烘烤,少加些油,这样饼就不会粘到铁架上了。

鸡豆糕[①]

研碎鸡豆,用微粉为糕,放盘中蒸之。临食用小刀片开。

〔注释〕

①鸡豆：即芡实，睡莲科被子类植物，结的果实就是芡实，雪白如玉，可吃。

〔译文〕

把鸡豆研磨碎，加入少量糯米粉做成糕，放到盘中蒸熟。临吃时用小刀切开。

鸡豆粥

磨碎鸡豆为粥，鲜者最佳，陈者亦可。加山药、茯苓尤妙。

〔译文〕

把鸡豆磨碎了煮粥，新鲜的最好，陈年的鸡豆也可以。加上山药、茯苓就更好了。

金　团

杭州金团，凿木为桃、杏、元宝之状，和粉搦成[1]，入木印中便成。其馅不拘荤素。

〔注释〕

①搦(nuò)：按压。

〔译文〕

杭州金团的做法，是先在木头上刻凿出桃、杏、元宝的形状，然后将和好的糯米粉捏成团，按入木模子中扣模而成。金团的馅料可荤可素。

藕粉、百合粉

藕粉非自磨者，信之不真。百合粉亦然。

〔译文〕

藕粉如果不是自己家研磨的，就不敢相信是纯正的藕粉，百合粉也是一样。

麻　团

蒸糯米捣烂为团，用芝麻屑拌糖作馅。

〔译文〕

把煮熟的糯米捣烂做成团子，用芝麻碎屑拌糖做成馅。

芋粉团

磨芋粉晒干，和米粉用之。朝天宫道士制芋粉团，野鸡馅，极佳。

〔译文〕

把芋头磨成粉晒干，加入米粉一起做团。朝天宫道士做的芋粉团，用野鸡肉做馅，味道特别好。

熟 藕

藕须贯米加糖自煮，并汤极佳。外卖者多用灰水[1]，味变，不可食也。余性爱食嫩藕，虽软熟而以齿决，故味在也。如老藕一煮成泥，便无味矣。

〔注释〕

①灰水：碱水。

〔译文〕

自己家把糯米灌到藕里加糖煮熟，连藕汤一起吃，特别好吃。外面卖的藕多用加碱的水煮，味道已经变了，不好吃了。我天生喜欢吃嫩藕，即使是煮到软熟，但还是有咬劲儿，所以味道也都能保持住。如果是老藕，一煮就成了软泥，就没味儿了。

新栗、新菱

新出之栗，烂煮之，有松子仁香。厨人不肯煨烂，故金陵人有终身不知其味者。新菱亦然。金陵人待其老方食故也。

〔译文〕

新出产的栗子煮烂熟，会有松子仁的香味。厨师不肯费工夫煨煮到烂熟，所以有的南京人一辈子都不知道栗子的真正味道。新产的菱角也是一样。因为南京人习惯要等菱角老了才吃。

莲　子

建莲虽贵①，不如湖莲之易煮也②。大概小熟，抽心去皮，后下汤，用文火煨之。闷住合盖，不可开视，不可停火。如此两炷香，则莲子熟时，不生骨矣③。

〔注释〕

①建莲：福建所产莲子。
②湖莲：湖南所产莲子，也可称为湘莲。
③生骨：生硬，发硬。

〔译文〕

福建莲子虽然名贵，却不如湖南莲子容易煮烂。莲子刚刚熟的时候，可以抽去莲心，剥去莲子皮，放入汤中用慢火煨煮。盖住锅盖，不要打开看，也不要停火。这样焖煮大约两炷香的时间，莲子就煮熟了，这种做法吃起来就不会发硬。

芋

十月天晴时，取芋子、芋头，晒之极干，放草中，勿使冻伤。春间煮食,有自然之甘。俗人不知。

〔译文〕

十月份天气晴好的时候,把芋子、芋头晒到极干,放到干草里,注意不要冻伤它们。到第二年开春时煮着吃,有自然的甘甜味道。一般人并不知道。

萧美人点心

仪真南门外[1],萧美人善制点心,凡馒头、糕、饺之类,小巧可爱,洁白如雪。

〔注释〕

①仪真:古县名,治所在今江苏扬州仪征市。

〔译文〕

仪真县南门外,有位姓萧的美女擅长做各种点心,像馒头、糕点、饺子这类的食品,都做得小巧可爱,洁白如雪。

刘方伯月饼

用山东飞面[1],作酥为皮,中用松仁、核桃仁、瓜子仁为细末,微加冰糖和猪油作馅。食之不觉甚甜,而香松柔腻,迥异寻常。

〔注释〕

①飞面:精面粉。

〔译文〕

用山东出产的精面粉和面,做成酥皮。研成细末的松仁、核桃仁、瓜子仁,加点冰糖和猪油调成馅。吃的时候并不觉得很甜,而且香松柔腻,和通常的月饼不一样。

陶方伯十景点心

每至年节,陶方伯夫人手制点心十种,皆山东飞面所为。奇形诡状,五色纷披,食之皆甘,令人应接不暇。萨制军云[①]:"吃孔方伯薄饼,而天下之薄饼可废;吃陶方伯十景点心,而天下之点心可废。"自陶方伯亡,而此点心亦成《广陵散》矣[②]。呜呼!

〔注释〕

①制军:明清时期总督的别称,也叫制台。

②《广陵散》:琴曲名,魏晋名士嵇康善弹此曲,嵇康死后,此曲遂绝。

〔译文〕

每到年节,陶方伯夫人就会亲手制作十种点心,都是用山东精面粉做的。奇形怪状,五彩缤纷,味道甘甜,品种繁多,让人应接不暇。萨制军说:"吃过了孔方伯家的薄饼,天下的薄饼都可以不吃了;吃了陶方伯家的十景点心,天下的点心也都可以不吃了。”陶方伯离世后,这种点心就像嵇康的《广陵散》一样失传了。唉!

杨中丞西洋饼

用鸡蛋清和飞面作稠水,放碗中。打铜夹剪一把,头上作饼形,如蝶大,上下两面,铜合缝处不到一分。生烈火烘铜夹,撩稠水,一糊一夹一熯,顷刻成饼。白如雪,明如绵纸,微加冰糖、松仁屑子。

〔译文〕

用鸡蛋清和精面粉调成面糊,放在碗中。打造一把铜夹剪,夹剪头上做成圆饼形,像蝴蝶那样大小,上下两面,铜合缝处不到一分厚。用旺火烘烤铜夹,把面糊撩进夹子里,一勺糊夹一下烤一下,立刻成饼。做好的饼色白如雪,像绵纸一样透明,饼上还可以加一些冰糖和松仁碎末。

白云片

南殊锅巴①,薄如绵纸,以油炙之,微加白糖,上口极脆。金陵人制之最精,号“白云片”。

〔注释〕

①南殊:乾隆本作“白米”。

〔译文〕

白米锅巴，薄如绵纸，用油煎烤，加上一点白糖，吃起来特别脆。南京人做这个很精致，并称其为“白云片”。

风枵[1]

以白粉浸透[2]，制小片，入猪油灼之，起锅时加糖糁之，色白如霜，上口而化。杭人号曰“风枵”。

〔注释〕

①风枵(xiāo)：指成品薄细，风可吹动。枵，空虚。
②白粉：大米粉和糯米粉掺在一起的混合粉。

〔译文〕

把白粉浸透做成小片，用猪油煎烤，起锅时洒上糖，色白如霜，入口即化。杭州人给这道点心起名叫“风枵”。

三层玉带糕

以纯糯粉作糕，分作三层，一层粉，一层猪油、白糖，夹好蒸之，蒸熟切开。苏州人法也。

〔译文〕

用纯糯米粉做成糕，分成三层，一层粉，一层猪油、白糖，再一层粉，夹好蒸熟后切开。这是苏州人的做法。

运司糕

卢雅雨作运司①，年已老矣。扬州店中作糕献之，大加称赏。从此遂有“运司糕”之名。色白如雪，点胭脂，红如桃花。微糖作馅，淡而弥旨。以运司衙门前店作为佳。他店粉粗色劣。

〔注释〕

①卢雅雨：原名卢见曾，山东德州人，字抱孙，号澹园，雅雨山人是他的别号。他曾做过两淮盐运使。运司：明清官职名，转运使司转运使、盐运使司盐运使的省略的称呼。

〔译文〕

卢雅雨任两淮盐运司，年纪已经很大了。扬州有家糕点店做糕点献给他品尝，他吃了以后大加赞赏。从此就有了“运司糕”这个名字。这种糕点色白如雪，上面点的胭脂，红如桃花。糕里的馅微微加了点糖，反而是淡而味美。运司衙门前那家店做得最好，其他家店铺的运司糕粉粗，颜色也低劣。

沙　糕

糯粉蒸糕，中夹芝麻、糖屑。

〔译文〕

用糯米粉蒸糕，中间夹芝麻、糖粉作馅。

小馒头、小馄饨

作馒头如胡桃大，就蒸笼食之，每箸可夹一双。扬州物也。扬州发酵最佳，手捺之不盈半寸，放松仍隆然而高。小馄饨小如龙眼，用鸡汤下之。

〔译文〕

把馒头做成像胡桃一般大，蒸笼蒸熟，吃的时候直接将蒸笼上桌，用筷子一次可以夹两个。这是扬州的特色点心。扬州人发酵的技术最好，手攥住蒸好的馒头，馒头会缩成不足半寸，一放手又会弹回原样。小馄饨像龙眼那么小，用鸡汤煮着吃。

雪蒸糕法

每磨细粉，用糯米二分、粳米八分为则。一拌粉，将粉置盘中，用凉水细细洒之，以捏则如团，撒则如砂为度。将粗麻筛筛出，其剩下块搓碎，仍于筛上尽出之。前后和匀，使干湿不偏枯[①]。以巾覆之，勿令风干日燥，听用。水中酌加上洋糖则更有味，拌粉与市中枕儿糕法同。一锡圈及锡钱[②]，俱宜洗剔极净，临时略将香油和水，布蘸拭之。每一蒸后，必一洗一拭。一锡圈内，将锡钱置妥，先松装粉一小半，将果馅轻置当中，后将粉松装满圈，轻轻挡平③，套汤瓶上盖之，视盖口气直冲为度。取出覆之，先去圈，后去钱，饰以胭脂。两圈更递为用。一汤瓶宜洗净，置汤分寸以及肩为度。然多滚则汤易涸，宜留心看视，备热水频添。

〔注释〕

①偏枯：偏于一方面，照顾不均，失去平衡。

②锡圈及锡钱：蒸糕的锡制模具。

③挡：推。

〔译文〕

每次磨细粉，以糯米二分、粳米八分的比例配比。将糯米粉、粳米粉拌匀后，放到盘中，用凉开水细细地洒在粉上，洒到捏起来可以成团，撒开来就能散开为标准。用粗麻筛将洒好水的粉筛出，剩下的大块儿继续搓碎，再筛，直到全部筛过。把筛过的粉和匀，干湿均匀合适，用毛巾盖住，不要让风吹干，放着备用。在和粉的水中加点糖就更好吃了，拌粉的方法和市场上枕儿糕的做法相同。把制糕的工具锡圈和锡钱洗剔干净，使用时稍稍沾点香油和水的混合液，用布擦拭。每蒸完一次，都要擦拭一次。每一个锡圈内都要把锡钱放好，先松装一小半粉，然后果馅轻放当中，再将粉松松地装满锡圈，轻轻推平，把锡圈轻轻套在汤瓶上盖好，看到盖口有热气直冲上来就行了。蒸好后取出倒置，先拿出去锡圈，再去掉锡钱，然后用胭脂点一下。两个锡圈更替使用。一只汤瓶洗净，水加到瓶肩就行。但瓶里的水一直是沸腾的容易蒸干，所以要留心看着，随时将备好的热水添加到瓶中。

作酥饼法

冷定脂油一碗，开水一碗，先将油同水搅匀，入生面，尽揉要软，如擀饼一样，外用蒸熟面入脂油，合作一处，不要硬了。然后将生面做团子，如核桃大，将熟面亦作团子，略小一晕[①]；再将熟面团子包在生面团子中，擀成长饼，长可八寸，宽二三寸许；然后折叠如碗样，包上穰子[②]。

［注释］

①晕：圆，环。
②穰（ráng）：通“瓤”，果实的肉。

［译文］

用冷冻猪油一碗、开水一碗，先将油和水搅匀，加入生面，充分揉搓到很软，像擀饼一样，另外用蒸熟的面也加入猪油，揉合搓软，不要和硬了。然后将生面做成一个个核桃般大小的小面团，把熟面也做成一个个小面团，比生面略小一圈；然后把熟面团包在生面团中，擀成八寸长，二三寸宽的长饼；然后折叠成碗的样子，包上果实的肉当作馅。

天然饼

泾阳张荷塘明府[①],家制天然饼,用上白飞面,加微糖及脂油为酥,随意搦成饼样,如碗大,不拘方圆,厚二分许。用洁净小鹅子石,衬而熯之,随其自为凹凸,色半黄便起,松美异常。或用盐亦可。

〔注释〕

①泾阳:在今陕西泾阳一带。

〔译文〕

泾阳张荷塘明府家做的天然饼,是用上等白面粉,加上一点糖和猪油做成面酥,然后随意捏成饼的形状,像碗一样大小,方、圆形状都行,大约二分厚。把面放在烘热洗净的鹅卵石上烘烤,饼随鹅卵石的高低起伏而自然凹凸,颜色烤到半黄时起锅,这种饼酥松美味。或者把糖换成盐也可以。

花边月饼

明府家制花边月饼,不在山东刘方伯之下。余尝以轿迎其女厨来园制造。看用飞面拌生猪油子团百搦,才用枣肉嵌入为馅,裁如碗大,以手搦其四边菱花样。用火盆两个,上下覆而炙之。枣不去皮,取其鲜也;油不先熬,取其生也。含之上口而化,甘而不腻,松而不滞。其工夫全在搦中，愈多愈妙。

〔译文〕

明府家做的花边月饼，不比山东刘方伯家的差。我曾经用轿子接他家的女厨来随园做这种月饼。看到她用精面粉拌上生猪油，揉搓上百次，才把枣肉嵌到面团中作馅，然后把面团裁成碗般大小，用手在面团四边捏出菱花样。用两个火盆，上下扣到一起烤制。枣不用去皮，是要保留它的鲜美；油不先熬熟，是要生油的清新不腻。吃的时候入口即化，甜而不腻，松而不散。做此月饼关键是在面团的揉搓功夫上，揉搓的次数越多越好。

制馒头法

偶食新明府馒头，白细如雪，面有银光，以为是北面之故。龙云不然，面不分南北，只要罗得极细；罗筛至五次，则自然白细，不必北面也。惟做酵最难。请其庖人来教，学之卒不能松散。

〔译文〕

偶然吃到新明府家所做的馒头，色白如细雪，表面泛着银光，以为是因为用北方精面的缘故。主人说不是，并且说面粉是不分南方北方的，只要把面粉筛得极细就行；用细筛子筛五遍，面粉自然又白又细，并不一定必须是北方的精面粉。只是发酵是最难掌握的。于是请新明府家的厨师来教，学了之后始终做不出那种蓬松柔软的效果。

扬州洪府粽子

洪府制粽,取顶高糯米,捡其完善长白者,去其半颗散碎者。淘之极熟,用大箬叶裹之[①],中放好火腿一大块,封锅闷煨一日一夜,柴薪不断。食之滑腻温柔,肉与米化。或云:即用火腿肥者斩碎,散置米中。

〔注释〕

①箬(ruò):箬竹,竹子的一种。叶子宽大,可编制器物、竹笠,包粽子有特别清香之味。

〔译文〕

洪府所做的粽子,取最好的糯米,挑选其中完整粒长色白的,去掉散碎的。充分淘洗干净,用大箬叶包裹,中间放上一大块优质的火腿,装到锅中焖煨一天一夜,柴火不断。吃起来滑腻柔软,是因为粽子里的火腿肉和糯米都融化在一起了。还有人说:这是把火腿肥的部分切碎,散放到米中的缘故。

饭粥单

〔题解〕

虽然正如袁枚所说粥饭是饮食的根本,但在这部分他也仅仅列了两个条目:一为饭,一为粥。也许正是这样简单,才更是突显他所说的“本立而道生”,即围绕着粥饭这个根本,才能应运而生出菜肴的千变万化。所以这个部分尽管少,却不可或缺。在饭的部分,袁枚阐述了做饭的根本原则,米的质量、做的方法都是很重要的。我们现代人有了电饭锅,做饭不再需要那么多的技巧,但其实也失去了做饭时因精研技巧而带来的成就感。粥的部分,袁枚强调的是粥的水米融合和原味儿的特点,最好的粥是不掺杂任何配料的。

粥饭本也,余菜末也。本立而道生,作《饭粥单》。

〔译文〕

粥饭是饮食的根本,其他的那些菜则是次要的。立好根本,其他事物才会应运而生,因此作《饭粥单》。

饭

王莽云[①]："盐者，百肴之将。"余则曰："饭者，百味之本。"《诗》称："释之溲溲，蒸之浮浮[②]。"是古人亦吃蒸饭，然终嫌米汁不在饭中。善煮饭者，虽煮如蒸，依旧颗粒分明，入口软糯。其诀有四：一要米好，或"香稻"，或"冬霜"，或"晚米"，或"观音籼"，或"桃花籼"，舂之极熟[③]，霉天风摊播之，不使惹霉发疹。一要善淘。淘米时不惜工夫，用手揉擦，使水从箩中淋出，竟成清水，无复米色。一要用火先武后文，闷起得宜。一要相米放水，不多不少，燥湿得宜。往往见富贵人家，讲菜不讲饭，逐末忘本，真为可笑。余不喜汤浇饭，恶失饭之本味故也。汤果佳，宁一口吃汤，一口吃饭，分前后食之，方两全其美。不得已，则用茶、用开水淘之，犹不夺饭之正味。饭之甘，在百味之上；知味者，遇好饭不必用菜。

〔注释〕

①王莽：字巨君，西汉孝元皇后王政君的侄子。西汉末年，凭借外戚身份掌握政权，后篡夺汉朝皇位称帝，改国号为新。

②"释之溲溲"两句：语出《诗经·大雅·生民》，沙沙的淘米声欢快热闹，蒸饭时热气腾腾上升，是一个祭祀祖先、准备祭品蒸饭的热闹场面。释，淘米。溲溲，淘米声。蒸之，蒸熟。浮浮，热气上升的样子。

③舂（chōng）：用杵臼捣去谷物的皮壳。

〔译文〕

王莽说："盐是所有菜肴的主宰。"我却说："饭是百味的根本。"《诗经》里说："淘米的声音唰唰响起，蒸饭的热气腾腾上升。"可见古人也吃蒸饭，但是始终嫌弃米汁不在饭里。善于做饭的，虽然是用水煮，却同蒸出来的一样，颗粒分明，入口松软香糯。诀窍有四点：一要米好，或者用"香稻"，或者用"冬霜"，或者用"晚米"，或者用"观音籼"，或者用"桃花籼"，米要舂得干净彻底，霉雨天要摊开翻晾，不要使米发了霉结了块。二要善于淘米。淘米时要不怕费工夫，用手揉搓，洗到水从淘米的箩筐中流出时，变成清水，没有米色。三要用火得法。先旺火后文火，焖煮和收火的时间都要把握好。四是量米放水，不多不少，煮出来的饭才能软硬适中。常常见那些富贵人家，讲究菜肴不讲究米饭，舍本求末，真是好笑。我不喜欢用汤泡饭，是因为讨厌这样做就失去了饭的本味。汤如果真好喝的话，也宁可喝一口汤，再吃一口饭，汤和饭分开吃，这样才两全其美。实在不得已，就用茶、开水淘饭，还不至于完全失去了米饭的真正味道。米饭的甘美，超过了各种食物的味道；真正懂味道的人，遇到好饭，都可以不用吃菜了。

粥

见水不见米，非粥也；见米不见水，非粥也。必使水米融洽，柔腻如一，而后谓之粥。尹文端公曰："宁人等粥，毋粥等人。"此真名言，防停顿而味变汤干故也。近有为鸭粥者，入以荤腥；为八宝粥者，入以果品：俱失粥之正味。不得已，则夏用绿豆，冬用黍米，以五谷入五谷，尚属不妨。余尝食于某观察家，诸菜尚可，而饭粥粗粝，勉强咽下，归而大病。尝戏语人曰：此是五脏神暴落难[①]，是故自禁受不得。

〔注释〕

①五脏神：古人认为五脏各有神所主管，称之为五脏神。五脏，指人的内脏，包括心、肝、脾、肺、肾。

〔译文〕

只见水不见米，不是粥；只见米不见水，也不是粥。一定是水米交融，柔腻一体，才能称得上是粥。尹文端公说："宁可让人等粥，而不要让粥等人。"这真是至理名言，一定要防止因灶火停了煮不熟，或煮时间长了，粥的味道变了，汤也干了。近来有人煮鸭粥，往粥里加荤腥的食物；也有人煮八宝粥，往粥里加入果品，这些做法都使粥失去了本味。实在不得已一定要加，那么夏天可以加绿豆煮粥，冬天可以加黍米煮粥，用五谷掺入五谷，还算没什么妨碍。我曾经在某观察家中吃饭，各种菜肴还可以，但是饭粥粗糙，勉强下咽，回家就大病一场。我曾就此事和人开玩笑说：这是因为五脏神忽然落了难，当然经受不起。

茶酒单

〔题解〕

这是全书的最后一个部分,既和饮食有关,又稍稍有些疏离。中国是茶的故乡,据说自上古神农时代,人们就已经发现茶并开始饮用茶,因此中国的茶文化源远流长,博大精深,不仅具有物质文化层面,更有深厚的精神内涵。中国人喝茶称为"品茶",一个"品"字就有了丰富的文化蕴味。与茶一样,中国制酒饮酒的历史也是源远流长的。酒在中国人的生活中占有重要的位置,也因此衍生出层出不穷的酒的品种和喝酒的习俗,更重要的是酒所形成的文化,酒和文人、文学都有着不解之缘。袁枚说茶是"七碗生风",酒是"一杯忘世",茶为养生,酒为助兴,酒和茶都让我们的俗世生活增添了些许的仙风道蕴。

七碗生风,一杯忘世,非饮用六清不可①,作《茶酒单》。

〔注释〕

①六清:即水、浆、澧(lǐ)、醇(liáng)、医、酏(yì)等六种饮品。语出《周

礼·天官冢宰上·膳夫》:“膳用六牲,饮用六清。”澧,甜酒。醇,糗饭杂水。医,没过滤的酒。酏,稀粥。

〔译文〕

茶喝七碗能腋下生风,酒饮一杯能忘掉尘世,所以儒家讲究不是六清这类饮品就不要饮用,因此作《茶酒单》。

茶

欲治好茶,先藏好水。水求中泠、惠泉。人家中何能置驿而办[1]?然天泉水、雪水,力能藏之。水新则味辣,陈则味甘。尝尽天下之茶,以武夷山顶所生,冲开白色者为第一。然入贡尚不能多,况民间乎?其次,莫如龙井。清明前者,号“莲心”,太觉味淡,以多用为妙;雨前最好,一旗一枪[2],绿如碧玉。收法须用小纸包,每包四两,放石灰坛中,过十日则换石灰,上用纸盖扎住,否则气出而色味全变矣。烹时用武火,用穿心罐[3],一滚便泡,滚久则水味变矣。停滚再泡,则叶浮矣。一泡便饮,用盖掩之,则味又变矣。此中消息[4],间不容发也[5]。山西裴中丞尝谓人曰:“余昨日过随园,才吃一杯好茶。”呜呼!公山西人也,能为此言。而我见士大夫生长杭州,一入宦场便吃熬茶,其苦如药,其色如血。此不过肠肥脑满之人吃槟榔法也。俗矣!除吾乡龙井外,余以为可饮者,胪列于后[6]。

〔注释〕

①驿:驿站,古时供传递文书、官员来往及运输等中途暂息、住宿的地方。

②旗:茶芽已展开的称为旗。枪:茶芽尚未展开的称为枪。

③穿心罐:一种中间凸起中空的煮茶陶器。这种陶器可以令火气通透,器内的水更快沸腾。

④消息:机关,发动机械装置的枢机,引申为指起决定性作用的事物。

⑤间不容发:两物中间容不下一根头发,比喻距离极小,也形容情势危急。

⑥胪(lú)列:罗列,陈列。

〔译文〕

想泡好茶,先要备上等的好水。最好的水是中泠、惠泉的水。但一般人家怎么可能设置驿站专门运送这种水?不过天然的泉水、雪水,还是可以尽量储藏一些的。新汲出来的水有辣味儿,贮放时间长些水就会变得甘甜。我尝遍天下的茶叶,认为武夷山顶所出产的,冲开呈现白色的茶为第一。但这种茶进贡朝廷尚且不多,民间又哪有机会品尝?其次,没有什么茶比得上龙井。清明前采摘的茶叫作"莲心",这种茶味太淡,冲时要多放些才好;雨前采摘的茶最好,一芽一叶,绿如碧玉。收藏时要用小纸包,每包四两,放在石灰坛子中,过十天左右就换一次石灰,坛口要用纸盖扎紧,否则走了气,色味就都变了。烹煮时要用旺火,要用穿心罐,水一开就泡,滚久了水就变味了。水滚开后没有及时泡,稍凉些再泡茶叶就会浮在水面上。一泡好就喝,如果用盖子把茶壶盖紧,则茶味就又变了。此中的关键,不能有丝毫差错。山西裴中丞曾经对人说："我昨天去随园，才喝了一杯好茶。"哎！裴公是山西人，都能说出这个话。而我发现生长在杭州的士大夫，反而一进官场便喝煮的茶，茶味苦得像药，茶色红得像血。这不过是和那些肠肥脑满的人吃槟榔的做法一样，俗气啊！除我故乡的龙井外，我认为可饮的茶，都列在下面了。

武夷茶

余向不喜武夷茶，嫌其浓苦如饮药。然丙午秋①，余游武夷到曼亭峰、天游寺诸处，僧道争以茶献。杯小如胡桃，壶小如香橼②，每斟无一两。上口不忍遽咽③，先嗅其香，再试其味，徐徐咀嚼而体贴之。果然清芬扑鼻，舌有余甘。一杯之后，再试一二杯，令人释躁平矜，怡情悦性。始觉龙井虽清而味薄矣，阳羡虽佳而韵逊矣④，颇有玉与水晶，品格不同之故。故武夷享天下盛名，真乃不忝⑤。且可以瀹至三次⑥，而其味犹未尽。

〔注释〕

①丙午：乾隆五十一年（1786）。

②香橼（yuán）：常绿小乔木或大灌木，芸香科，果实圆形，可供观赏，果肉无色近于透明，可吃。

③遽（jù）：匆忙，马上。

④阳羡：今江苏宜兴，盛产茶叶。

⑤忝（tiǎn）：羞辱，有愧于。

⑥瀹（yuè）：煮。

〔译文〕

我向来不喜欢喝武夷茶，嫌它浓苦得就像喝药。然而丙午年秋天，我游武夷到达曼亭峰、天游寺等处，僧人道士争相用武夷茶款待我。茶杯小小的胡桃般大小，茶壶也很小像一枚香橼果，每杯容量不足一两水。因此喝一口茶不忍心马上咽下去，于是就能先闻到茶香，再体会到了茶的味，慢慢品尝体会。果然清香扑鼻，舌留甘甜。喝完一杯，又喝了一两杯，令人性情平和，心旷神怡。这才觉得龙井虽然清新但茶味淡薄，阳羡茶虽好但茶韵稍微逊色了，很像是玉与水晶的比较，品格完全不同。所以说武夷茶享有天下盛名，当之无愧。而且，冲泡了三次，茶味还未散尽。

龙井茶

杭州山茶，处处皆清，不过以龙井为最耳。每还乡上冢①，见管坟人家送一杯茶，水清茶绿，富贵人所不能吃者也。

〔注释〕

①冢(zhǒng)：坟墓。

〔译文〕

杭州的山茶，每一处出产的都很清香，不过以龙井茶最好。每次回老家扫墓，看坟的人家都会送上一杯茶来，水清茶绿，这是富贵人家也喝不到的茶。

常州阳羡茶

阳羡茶,深碧色,形如雀舌,又如巨米。味较龙井略浓。

〔译文〕

阳羡茶,颜色深绿,茶叶形状像雀儿的舌头,又像大的米粒,味道比龙井茶稍微浓一些。

洞庭君山茶

洞庭君山出茶,色味与龙井相同,叶微宽而绿过之。采掇最少。方毓川抚军曾惠两瓶①,果然佳绝。后有送者,俱非真君山物矣。

此外如六安、银针、毛尖、梅片、安化,概行黜落②。

〔注释〕

①方毓川:方世俊,字毓川,安徽桐城人。乾隆四年进士,做过贵州巡抚、湖南巡抚,后因贪污受贿入狱处死。抚军:官名,明清时期俗称巡抚为抚军。

②黜落:旧指科场除名落第、落榜。这里指递减,衰落。

〔译文〕

洞庭君山出产的茶,色味和龙井相同,只是叶子稍微宽一点，颜色比龙井更绿。采摘量很少。方毓川巡抚曾经送过我两瓶，果然很好。后来也有人送，但都不是真正的君山茶。

此外还有六安、银针、毛尖、梅片、安化等茶，依次位列其后。

酒

余性不近酒，故律酒过严[①]，转能深知酒味。今海内动行绍兴，然沧酒之清，浔酒之洌，川酒之鲜，岂在绍兴下哉！大概酒似耆老宿儒[②]，越陈越贵，以初开坛者为佳，谚所谓"酒头茶脚"是也。炖法不及则凉，太过则老，近火则味变，须隔水炖，而谨塞其出气处才佳。取可饮者，开列于后。

〔注释〕

①律：衡量，比较。

②耆(qí)老：年老而有地位的士绅。宿儒：修养有素的儒士。

〔译文〕

我天性不善饮酒，所以对酒的衡量就比较严格，反而能品出酒的好坏。现在各地流行绍兴酒，然而沧酒的清纯、浔酒的香洌、川酒的鲜香，又怎么会在绍兴酒之下呢！大体上说，酒就像那些老成而修养有素的读书人，越老越珍贵，刚开坛的酒是最好的，就像谚语里所说的"酒头茶脚"。温酒很讲求技巧，热的时间不够就凉，热度太高又老了，靠近火酒就变味了，所以必须隔水温酒，并且要盖严实，不能让酒气挥发了才是好的。现选取可喝的几种酒，开列于后。

金坛于酒

于文襄公家所造[①]，有甜、涩二种，以涩者为佳。一清彻骨，色若松花。其味略似绍兴，而清冽过之。

〔注释〕

①于文襄公：于敏中，字叔子，江苏金坛人。乾隆二年(1737)状元。

〔译文〕

金坛于酒，为于文襄公家所酿造的酒，有甜、涩两种口味，味涩的酒为上品。这种酒清彻入骨，颜色像松花，味道略微有点像绍兴酒，但比绍兴酒清冽。

德州卢酒

卢雅雨转运家所造，色如于酒，而味略厚。

〔译文〕

德州卢酒，为卢雅雨转运家酿的酒，颜色像金坛于酒，而味道要比金坛于家的略微醇厚些。

四川郫筒酒[①]

郫筒酒，清冽彻底，饮之如梨汁蔗浆，不知其为酒也。但从四川万里而来，鲜有不味变者。余七饮郫筒，惟杨笠湖刺史木簰上所带为佳[②]。

〔注释〕

①郫(pí)：四川县名。

②刺史：官名，清代用作知州的别称。木簰(pái)：木排，木材平摆着编扎成的交通工具，多用于江河上游水浅的地方。

〔译文〕

四川郫筒酒，清澈见底，喝的时候感觉像喝梨汁甘蔗浆，甚至不觉得喝的是酒。但这酒从四川万里而来，很少有不变味的。我曾喝过七次郫筒酒，以杨笠湖刺史通过木排带过来的最好。

绍兴酒

绍兴酒，如清官廉吏，不参一毫假，而其味方真。又如名士耆英[①]，长留人间，阅尽世故，而其质愈厚。故绍兴酒，不过五年者不可饮，参水者亦不能过五年。余常称绍兴为名士，烧酒为光棍。

〔注释〕

①耆英:年纪大而品德好的人。耆,古称六十岁为耆。

〔译文〕

绍兴酒,就像清官廉吏一样,不掺一丝一毫的假,所以酒味醇真。就像德高望重的名士和耆英一样,长存千古,历尽世故,但品质更加醇厚。所以绍兴酒,不超过五年的不能喝,掺了水的绍兴酒,也存放不了五年。我常说绍兴酒像名士,而烧酒就像光棍。

湖州南浔酒[1]

湖州南浔酒,味似绍兴,而清辣过之。亦以过三年者为佳。

〔注释〕

①湖州南浔:今浙江湖州南浔镇。

〔译文〕

湖州的南浔酒,味道像绍兴酒,清辣却超过了绍兴酒,也是以存放三年以上的为好。

常州兰陵酒[1]

唐诗有“兰陵美酒郁金香,玉碗盛来琥珀光”之句。

余过常州,相国刘文定公饮以八年陈酒[②],果有琥珀之光。然味太浓厚,不复有清远之意矣。宜兴有蜀山酒,亦复相似。至于无锡酒,用天下第二泉所作,本是佳品,而被市井人苟且为之,遂至浇淳散朴[③],殊可惜也。据云有佳者,恰未曾饮过。

〔注释〕

①兰陵:历史上曾有两个兰陵,一个就是本文提到的齐梁故里常州,也被称为南兰陵,北兰陵则是山东临沂苍山兰陵镇。

②相国:即宰相,清代指担任大学士的官员。刘文定:字如叔,号绳庵,江苏武进人。乾隆朝内阁大学士,与大学士刘统勋共同辅政,有"南刘东刘"之称,谥"文定"。

③浇淳散朴:使淳朴的社会风气变得浮薄,这里指质量下降。

〔译文〕

唐诗有"兰陵美酒郁金香,玉碗盛来琥珀光"的诗句。我经过常州时,相国刘文定公拿出存放八年的陈酒招待我,果然有琥珀的光彩。但是味道太浓厚,不再有清远绵长的韵味了。宜兴出产一种蜀山酒,和兰陵酒也有些相似。至于无锡酒,是用天下第二泉的泉水酿制的,本来应该是佳品,但是被市井商人粗制滥造,致使酒味失去了淳朴的特性,而变得淡薄无味,实在太可惜了。据说也有好的,但我没有喝过。

溧阳乌饭酒

余素不饮。丙戌年[①],在溧水叶比部家[②],饮乌饭酒至十六杯[3]，傍人大骇，来相劝止。而余犹颓然，未忍释手。其色黑，其味甘鲜，口不能言其妙。据云溧水风俗：生一女，必造酒一坛，以青精饭为之。俟嫁此女，才饮此酒。以故极早亦须十五六年。打瓮时只剩半坛。质能胶口[4]，香闻室外。

〔注释〕

①丙戌年：乾隆三十一年(1766)。

②比部：官名，明清时作为刑部司官的通称。

③乌饭：江南一带地方民间风俗小吃，用乌饭叶捣成汁混入米饭中做成，又叫青精饭。

④胶口：黏唇。

〔译文〕

我一向不善饮酒。丙戌年，在溧水叶比部家喝乌饭酒，竟一共喝了十六杯，旁边的人都吓坏了，纷纷劝我不要喝了。而我还感到很扫兴，舍不得罢手。这种酒是黑色的，味道甘鲜，奇妙之处无法用言语来形容。据说溧水县有这样的风俗：家里生了女儿，一定要酿造一坛酒，用青精饭制作。等到女儿长大出嫁的时候，才能打开这坛酒。所以最快也要等上十五六年。一般打开酒坛时只能剩下半坛酒，酒质浓甜黏唇，香味能飘散到室外。

苏州陈三白酒

乾隆三十年，余饮于苏州周慕庵家。酒味鲜美，上口粘唇，在杯满而不溢。饮至十四杯，而不知是何酒，问之，主人曰："陈十余年之三白酒也。"因余爱之，次日再送一坛来，则全然不是矣。甚矣！世间尤物之难多得也。按郑康成《周官》注"盎齐"云[1]："盎者翁翁然，如今鄼白[2]。"疑即此酒。

〔注释〕

①郑康成：即郑玄，字康成。东汉经学家，遍读群经，成为汉代经学之集大成者，史称"郑学"。盎齐：白酒。

②鄼(cuó)白：东晋时的一种白酒名。

〔译文〕

乾隆三十年，我在苏州周慕庵家饮酒。他家的酒，酒味鲜美，上口粘唇，倒在杯中满而不溢。我喝到第十四杯时，还不知道是什么酒，问主人，主人说："这是存放了十多年的三白酒。"因为我喜欢，第二天又送来一坛，可是味道却截然不同了。真是啊！世间的好东西不可多得。郑玄于《周官》"盎齐"的注解说："盎者翁翁然，如今鄼白(盎齐这种酒就是如今的鄼白酒)。"我怀疑就是我喝的这种三白酒。

金华酒[1]

金华酒，有绍兴之清，无其涩；有女贞之甜[2]，无其俗。亦以陈者为佳。盖金华一路水清之故也。

〔注释〕

①金华:今浙江金华。

②女贞:即女贞酒,也属黄酒类。浙江地区风俗,生了小孩,造绍酒数坛,泥封窖藏,待婚嫁之时取出宴客,生女称为"女贞酒",生子称为"状元红"。这些酒贮存期十数年以上,醇香无比。

〔译文〕

金华酒,有绍兴酒的清醇,却没有它的涩味;有女贞酒的甜香,却没有它的俗气。此酒也是存放时间越长越好。这种酒好的原因,大概是由于金华一带水好的缘故。

山西汾酒

既吃烧酒,以狠为佳。汾酒乃烧酒之至狠者。余谓烧酒者,人中之光棍、县中之酷吏也。打擂台,非光棍不可;除盗贼,非酷吏不可;驱风寒、消积滞,非烧酒不可。汾酒之下,山东膏粱烧次之,能藏至十年,则酒色变绿,上口转甜,亦犹光棍做久,便无火气,殊可交也。尝见童二树家泡烧酒十斤[①],用枸杞四两、苍术二两、巴戟天一两[②],布扎一月,开瓮甚香。如吃猪头、羊尾、"跳神肉"之类,非烧酒不可。亦各有所宜也。

此外如苏州之女贞、福贞、元燥,宣州之豆酒,通州之枣儿红,俱不入流品[③]。至不堪者,扬州之木瓜也,上口便俗。

〔注释〕

①童二树:童钰,清代画家,字二树,浙江绍兴人。是袁枚的朋友,二人志趣相投。

②枸杞、苍术、巴戟天:都是中药名。

③流品:等级,品类。

〔译文〕

既然要喝烧酒,就要喝度数高的。汾酒是烧酒中最烈的。我说烧酒就好像是人中的光棍、县衙中的酷吏。打擂台比武,非光棍不行;驱除盗贼,非酷吏不能;驱除寒气,消除积滞,非喝烧酒不行。汾酒以下,山东的高粱烧酒是第二烈,能贮藏到十年,酒色变得莹绿,上口反而转甜了,就像光棍做久了,火气也没那么大了,可以和他做朋友。我曾经见童二树家做泡烧酒:十斤烧酒、四两枸杞、二两苍术、一两巴戟天,以布扎紧坛子口一个月,开坛的时候闻起来很香。如果吃猪头、羊尾、"跳神肉"这一类的菜,一定要喝烧酒。这也是各有所宜。

此外,还有苏州的女贞酒、福贞酒、元燥酒,宣州的豆酒,通州的枣儿红酒,都是不入流的酒。最差劲的是扬州的木瓜酒,一入口就觉得俗。